BULLETIN N° 68. — TOME X (1899-1900). MARS 1899.

LA GRANDE NAPPE DE RECOUVREMENT

DE

LA BASSE PROVENCE

PAR

M. MARCEL BERTRAND
Ingénieur en chef des Mines, Membre de l'Institut.

I. — INTRODUCTION

J'ai montré depuis longtemps et à plusieurs reprises que la Basse-Provence est une région de plis couchés, dans lesquels l'ampleur locale du charriage atteint plusieurs kilomètres. Cette notion importante, bientôt appliquée à de nouveaux exemples par MM. Collot et Zurcher, a éclairci une partie des difficultés de la région, mais en a laissé subsister d'autres, mises en évidence par l'achèvement des cartes géologiques. La plus grave de ces difficultés est le manque de continuité des plis en direction. S'il est naturel et facile de comprendre qu'un pli droit, ou même légèrement déversé, s'arrête avec la cause locale qui l'a fait naître, la chose devient plus difficile à admettre quand le pli est accompagné d'un charriage horizontal important. Quand un morceau de l'écorce, par exemple, s'est avancé de quelques kilomètres vers le Nord, ce mouvement n'a guère pu s'effectuer sans entraîner les parties voisines ; à la rigueur, on peut supposer qu'une faille de décrochement sépare les parties mises en mouvement et les parties laissées en place ; mais l'explication, en tout cas difficile à admettre si elle ne s'appuie pas sur des faits d'observation précis et manifestes, devient encore plus invraisemblable si le même charriage reprend quelques kilomètres plus loin. Or, c'est ce qui arrive en Provence pour les massifs de la Sainte-Beaume et d'Allauch, pour ceux de Salernes et d'Esparron ; ces massifs se correspondent deux à deux, avec des chevauchements équivalents, sur les bords d'une bande transversale de Trias, qui semble avoir arrêté brusquement à son contact les plis couchés et les phénomènes de charriage correspondants.

L'examen attentif des cartes géologiques permet de résumer cette difficulté sous une forme plus générale et plus frappante, qui en fera mieux saisir l'importance. La structure de la Basse-Provence apparaît en effet comme une structure essentiellement *morcelée*; les différents massifs, au lieu de s'aligner comme dans les Alpes en longs chaînons continus, constituent une série d'unités indépendantes, une série de *dômes*[1] en chapelets, entourés de plis périphériques. Ce sont ces plis périphériques qui se déversent, ordinairement, au moins en apparence, vers l'intérieur du dôme, et qui auraient ainsi donné lieu aux grands chevauchements constatés.

On ne saurait dire qu'il y ait absolument contradiction entre l'idée de dômes et celle de grands charriages horizontaux ; pourtant, l'exagération des effets de plissement semble mal s'accorder avec leur brusque limitation longitudinale; et, en tout cas, pour que l'accord soit possible, il paraît nécessaire que les chevauchements s'atténuent progressivement en approchant de l'extrémité des dômes. Or, il ne semble pas en être ainsi, et même les renversements se continuent souvent avec la même importance tout le long de la courbure terminale. On se heurterait donc là à une nouvelle difficulté, d'ordre presque géométrique : l'afflux de toutes parts des matériaux dans un espace trop petit pour les contenir, et l'accommodation nécessaire de la nappe à une base sans cesse rétrécie, à mesure qu'elle avance. Il suffit de dire, sans discuter ici cette difficulté, qu'on ne trouve nulle part trace de la « lutte pour l'espace » qui aurait dû se livrer en ces points.

Il y avait donc jusqu'à nouvel ordre quelque chose de peu satisfaisant dans la solution qui, pour expliquer les anomalies de la Provence, juxtaposait les dômes aux plis couchés. J'ai pour la première fois indiqué, en des termes un peu différents, cette sorte d'antinomie, quand j'ai discuté en détail la structure du massif d'Allauch. Il est naturel qu'elle ait mené, les uns à mettre en doute la réalité de la structure en dômes, les autres à mettre en doute celle des grands charriages horizontaux.

M. Fournier, qui avait eu le mérite d'appeler le premier l'attention sur la fréquence et l'importance des dômes en Provence, est entré dans la seconde voie. Je discuterai plus loin les arguments de fait qu'il a cru apporter contre l'existence des massifs de recouvrement, je veux seulement indiquer ici l'ordre des idées invoquées et les conclusions proposées. Une des preuves invoquées en faveur des grands charriages est l'existence d'îlots de recouvrement, comme celui du Beausset, c'est-à-dire d'îlots de terrains anciens, isolés au milieu de terrains récents, sur lesquels ils reposent tout le long de leurs bords. M. Fournier a suggéré l'idée que l'existence de pareils îlots est possible, sans invoquer de transports lointains : on peut, en effet, imaginer que les pressions amènent des masses profondes à se faire jour verticalement au milieu des terrains qui les surmontent, puis que ces masses amenées en saillie retombent de toutes parts sur les terrains

[1] M. Collot a déjà signalé en 1880 le « dôme » de Langouste. En 1892, j'avais appelé d'une manière générale l'attention sur la fréquence et l'importance de cette structure. Mais c'est M. Fournier (1895) qui en a le premier fait ressortir l'intérêt pour la Basse-Provence.

plus récents. C'est ce qu'on a appelé le dôme *en champignon*, ou le dôme entouré en apparence d'un pli périphérique qui se renverse partout vers l'extérieur.

Il est aisé de voir que l'existence de ces dômes à dimensions plus petites exagère, au lieu de la supprimer, la première difficulté signalée. Mais surtout, la seconde difficulté, celle qui est relative à la question d'espace recouvert par la nappe, devient une véritable impossibilité, quand le pli périphérique, au lieu d'être couché vers l'intérieur est couché vers l'extérieur. Les masses en retom-

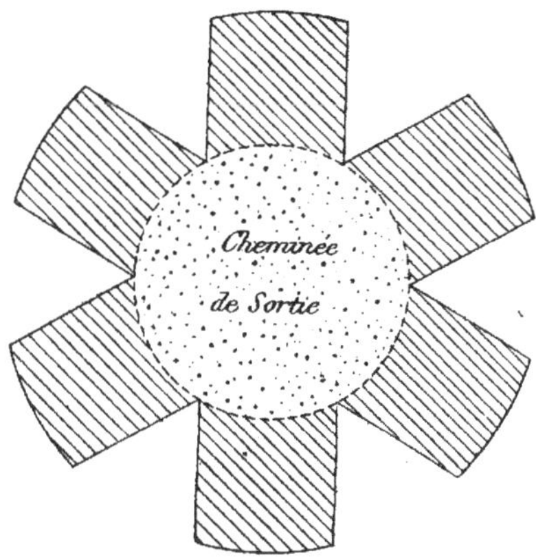

Fig. 1.

bant ne pourraient couvrir (fig. 1) qu'une partie de l'espace qui entoure la cheminée de pénétration, un certain nombre de segments rectangulaires par exemple, séparés par des vides triangulaires. La continuité de la superposition anormale tout le long des bords est *géométriquement* incompatible avec un pareil mécanisme.

En vain essaierait-on d'objecter, comme l'a fait M. Fournier [1], que les terrains sont *extensibles*, comme le montrent les nombreux amincissements des couches, constatés en Provence même. Les terrains sont extensibles, mais seulement sous l'action de forces suffisantes ; une membrane de caoutchouc même ne s'allonge et ne s'étend que dans le sens où on la tire. Or ici, il y a pu avoir étirement pendant l'ascension des masses, qui supposerait en effet des efforts énormes ; mais ensuite, lors de la retombée ou de l'épanouissement du dôme, rien ne les sollicite à s'étendre dans le sens transversal à leur nouveau mouvement, à moins qu'on ne veuille invoquer leur propre poids. C'est à peu près comme si l'on prétendait qu'une colline de quelques centaines de mètres de hauteur doit s'écraser sous son poids, en élargissant sa base.

A mes yeux, la conception des dômes en champignon est destinée à disparaître naturellement, aussi vite qu'elle a pris naissance. Mais, fût-elle admissible, je montrerai plus loin qu'elle n'est pas applicable au bassin du Beausset.

[1] *Bull. Soc. géol.*, 3e sér., t. XXV, p. 38.

Pour d'autres massifs, pour la Sainte-Beaume et pour Allauch, M. Fournier [1], comme base d'une explication qui supprime les charriages, adopte une hypothèse analogue, en considérant les affleurements des lignes de discontinuité comme de véritables lignes directrices, au lieu d'y voir l'intersection d'une surface unique, plus ou moins ondulée, avec la surface du sol. Il admet ainsi qu'un pli, même un pli renversé, peut décrire toutes les sinuosités, revenir sur lui-même, reprendre même contact avec son premier parcours, et alors se neutraliser en quelque sorte et disparaître momentanément. Ces sinuosités seraient légitimées par la préexistence de massifs résistants [2], autour desquels les plis sont amenés à s'enrouler. L'hypothèse est certainement beaucoup plus invraisemblable que celles qu'elle veut remplacer; elle aurait du moins cet avantage qu'elle semble réunir en elle, et par conséquent supprimer pour la suite toutes les difficultés. Du moment qu'il n'y a pas de limite à la sinuosité des plis, on ne voit pas d'abord quel cas elle ne pourrait expliquer. Et pourtant, ce point de départ conduit à une conséquence plus invraisemblable encore que toutes les autres. Il faut admettre en certains cas que deux nappes, provenant de deux branches du pli qui se font face, ont marché au-devant l'une de l'autre, sont arrivées à se rejoindre, à s'appuyer l'une contre l'autre et alors à se souder au contact, de telle manière qu'elles ne semblent former qu'une nappe unique. Sans parler du peu de chances pour que ce soient exactement des terrains de même âge qui soient venus ainsi de part et d'autre en contact, il faudrait pour ce phénomène une plasticité de la matière qui la rapprocherait de l'état fluide, et l'on peut dire sans hésitation qu'il y a là une impossibilité manifeste, suffisante à elle seule pour condamner l'hypothèse qui y conduit.

Cela ne veut pas dire évidemment qu'on ne puisse tenter d'autres hypothèses pour échapper à celle de grandes nappes de recouvrement. J'avoue que moi-même je suis plusieurs fois retourné à la Sainte-Beaume, avec l'idée, et même l'espoir de trouver *une racine* aux bandes jurassiques des environs de Nans, du Plan d'Aups et de Saint-Zacharie. Mais chaque fois je suis revenu avec des arguments nouveaux en faveur de l'ancienne solution que j'avais proposée. Je les exposerai plus loin [3], et leur ensemble me paraît constituer maintenant une preuve irréfutable. *On ne peut pas songer à diminuer la part faite jusqu'ici aux chevauchements.*

D'un autre côté, on ne peut nier non plus le morcellement de la structure superficielle et le rôle important des dômes. En admettant même que, dans une dernière étude [4], j'aie un peu trop étendu cette dénomination et appliqué le nom

[1] *Bull. Soc. géol.*, 3e sér., t. XXIII, p. 508 et t. XXIV, p. 663.

[2] Mais rien ne légitime l'existence même de ces massifs résistants, en dehors de la nécessité d'avoir un obstacle pour expliquer l'enroulement des plis. L'introduction de ces massifs résistants constitue donc un véritable cercle vicieux.

[3] J'ai été amené à scinder ce premier mémoire en deux parties, dont la seconde, relative à la Sainte-Beaume, paraîtra prochainement. C'est dans cette seconde partie seulement que seront exposés en détail les faits auxquels je fais ici allusion.

[4] La Basse-Provence, relief et lignes directrices, par M. Marcel Bertrand, *Annales de Géographie*, 15 mai 1897 et 11 janvier 1898.

de dômes à des massifs complexes qu'on pourrait interpréter autrement, il n'en est pas moins certain que des dômes existent et qu'ils coexistent avec des plis couchés. Le trait essentiel de la structure en dômes, la courbure terminale et l'arrondissement des plis autour de cette courbure, est trop fortement empreint dans la topographie, trop nettement accusé par les contours géologiques, pour qu'on puisse d'aucune manière en contester la réalité. Il faut donc en prendre son parti : la difficulté signalée au début ne peut se lever en supprimant un des deux termes qui semblent en contradiction ; le problème est de montrer *comment ils peuvent se concilier*.

C'est seulement l'hiver dernier que l'étude de la galerie à la mer, entreprise par la Compagnie des charbonnages des Bouches-du-Rhône, m'a mis sur la voie de ce que je crois être la solution. J'ai trouvé, en effet, auprès de Simiane, des *plis retournés*, c'est-à-dire des plis où les terrains les plus récents occupent le centre des anticlinaux, et les terrains les plus anciens les centres des synclinaux ; c'est la preuve qu'il y a eu *plissement postérieur* d'une nappe de terrains renversés. En suivant ce premier indice, je suis arrivé de proche en proche à me convaincre *qu'il a existé sur tout le Nord de la région une grande nappe de terrains charriés horizontalement, et que cette nappe a été plissée postérieurement avec le substratum*. En d'autres termes, il y a bien coexistence entre les chevauchements et les dômes, mais ce sont deux phénomènes successifs et indépendants. Les dômes ont pu produire quelques légers renversements sur leur pourtour, mais, comme on doit s'y attendre, ils n'ont pas donné naissance à de véritables plis couchés. Aux points seulement où le substratum de la nappe (terrains récents ou lambeaux de terrains intermédiaires renversés) a été mis au jour, le pli voisin, quel qu'il soit, prend les allures d'un pli couché, dont l'ampleur apparente dépend seulement des hasards de la dénudation. Le pli superficiel semble avoir produit là des effets énormes, tandis qu'à peu de distance, le substratum restant masqué, il paraît s'atténuer ou disparaître brusquement. La discontinuité apparente dans les phénomènes se réduit à la discontinuité dans la mise en évidence d'un phénomène général.

Ce phénomène général prend, il est vrai, une ampleur telle que l'imagination s'en effraie ; on est conduit à admettre un charriage horizontal d'au moins trente kilomètres, et ce nombre est sans doute destiné à s'accroître considérablement. S'il faut convenir qu'on peut voir là une objection, elle est d'ordre trop général pour qu'il y ait lieu de la discuter ici ; d'ailleurs, la solution de charriages plus importants encore s'est imposée aux meilleurs connaisseurs des Alpes suisses et de la chaîne scandinave ; les nouveaux progrès de nos connaissances mènent à augmenter de plus en plus l'étendue des charriages prouvés dans le bassin houiller du Nord, en Ecosse, dans les Alleghanys. A mes yeux, le plus ou moins grand nombre de kilomètres importe peu ; il n'y a là qu'une question de comparaison avec l'échelle à laquelle nos sens nous ont habitués, et si l'on fait l'effort de s'abstraire de ce point de départ, tout subjectif, l'invraisemblance disparaît. Au point de vue de la possibilité matérielle du phénomène, il n'y a que le premier kilomètre qui coûte : du moment qu'on admet que des masses importantes peuvent cheminer, à la surface ou près de la surface, sans se disloquer (et le fait est matériellement prouvé en bien des points, notamment dans le bassin houiller du Nord), du moment que le mécanisme même du phénomène ne suscite pas d'obstacles qui entravent sa marche, il n'y a pas de raison, si les mêmes causes continuent à agir, pour que les effets, en s'ajoutant sans cesse, ne croissent pas au-delà de toutes les prévisions. La moindre objection d'*ordre géométrique*, comme celle des rapports d'espace ou de surface occupés, me paraît autrement grave, si même elle frappe moins l'esprit, qu'une objection tirée d'un ordre de grandeur.

Le but de ce mémoire est seulement d'exposer les faits qui m'ont conduit à la solution indiquée plus haut. Je n'y traiterai que de la partie occidentale de la Basse-Provence [1], la seule où j'aie encore eu le temps de suivre dans le détail l'accord des observations avec la nouvelle interprétation. Un autre mémoire sera ultérieurement consacré à la partie orientale, jusqu'à Draguignan. Je crois pourtant utile de mettre en tête de celui-ci un résumé d'ensemble des connaissances acquises sur l'ensemble de la Basse-Provence, pour bien préciser l'état des questions, pour montrer les problèmes qui se posent encore et les faits qui restent inexpliqués. On verra que la difficulté signalée au début n'est pas la seule qui subsiste dans la région, que l'allure des plis et le détail des coupes présentent en plusieurs points de remarquables singularités. La solution proposée devra naturellement aplanir ces difficultés et expliquer ces singularités apparentes. Sans présumer le résultat des nouvelles observations, que l'application de nouvelles idées théoriques rend toujours indispensables, je tiens à indiquer dès maintenant que l'hypothèse d'une nappe générale de recouvrement simplifie la plupart de ces problèmes locaux, en donne partout à l'Ouest une solution satisfaisante et qu'elle laisse dès maintenant entrevoir un résultat semblable pour la partie orientale.

II. — TRAITS GÉNÉRAUX DE LA STRUCTURE DE LA BASSE PROVENCE. DIFFICULTÉS NON RÉSOLUES ET ÉTAT DES QUESTIONS [2].

(Planche I)

Coup d'œil général. Bandes transversales.

Bordure des Maures. Arrêt brusque des plis à son contact. — Si l'on examine les cartes géologiques de la région, on voit se détacher d'abord la région cristalline des Maures, bordée au Nord par la grande plaine permienne de Cuers. Il est facile

[1] Voir la note précédente. Le mémoire, contrairement à ma première intention, a été divisé en deux parties : la première, qui est publiée actuellement, traite seulement des généralités et du massif de l'Etoile ; la seconde traitera de la Sainte-Beaume et des massifs voisins.

[2] Ce résumé d'ensemble reprend, à un point de vue un peu différent, plus spécialement géologique, les considérations déjà indiquées dans mon travail antérieur sur la Basse-Provence (*Ann. de Géographie*, 15 mai 1897 et 15 janvier 1898).

de voir que le massif du Tanaron, au Nord de l'Esterel, n'en est géologiquement qu'une étroite dépendance ; la dépression de Fréjus, remplie par le Permien et ses éruptions porphyriques, est un synclinal transversal, qui interrompt la continuité des affleurements cristallins, mais ne joue aucun rôle comparable à celui de la véritable bordure ; celle-ci va en réalité de Saint-Nazaire à Toulon et à Cuers, puis, au-delà de Vidauban, elle remonte au Nord pour suivre à peu près la vallée du Riou blanc et de la Siagne, et aboutir auprès de Cannes.

Il serait naturel de voir les lignes directrices des plissements s'ordonner autour de cette bordure. Il n'en est rien cependant. Tandis que les plis alpins se contournent, dans la région de Castellane et du Var, pour envelopper le massif cristallin, les plis provencaux viennent s'arrêter normalement à ses bords. L'arrêt est d'une brusquerie extraordinaire et présente partout les mêmes caractères : les anticlinaux, formés de Trias, s'abaissent et se diffusent dans un réseau complexe, qui ne pénètre pas dans la plaine permienne ; les synclinaux, formés de Jurassique, ou comprenant même un peu de Crétacé, conservent jusqu'au bout leur individualité et leur importance, puis s'arrêtent tout d'un coup, limités comme à l'emporte-pièces par une faille périphérique. Les contours de M. Zurcher, sur la feuille de Draguignan, mettent admirablement le fait en évidence.

Bande triasique de l'Huveaune et de Barjols. — Ces différents plis, quand on s'éloigne des Maures, prennent une direction générale Est-Ouest, jusqu'à une dépression transversale, que remplit le Trias en plis très serrés, et qui, à peu près parallèlement à la bordure des Maures, le long de la vallée de l'Huveaune et des hauts affluents de l'Argens, s'allonge de Marseille à Saint-Zacharie, Saint-Maximin et Barjols. Une partie des plis anticlinaux viennent se fondre avec le Trias de cette dépression ; mais là encore les plis synclinaux s'arrêtent, celui de Salernes en se collant contre la bande triasique, ceux du Val (massif de Bras) et du Plan d'Aups (massif de la Sainte-Beaume), entourés par un rebord saillant, qui forme ou qui simule l'extrémité d'un dôme. Plus au Sud, la terminaison du pli du Beausset est cachée sous la mer.

Bande oligocène du bassin d'Aix. — De l'autre côté de la dépression triasique, les plis reprennent, avec la même direction générale (quoique avec de larges infléchissements autour des grands bassins crétacés), celui d'Esparron en face de celui de Salernes, ceux de Pourrières et de l'Olympe en face du massif de Bras, ceux d'Allauch et de l'Etoile en face de la Sainte-Beaume ; mais il n'y a une exacte correspondance dans la structure que pour les deux premiers. Pour les autres, l'analogie de structure ne semble pas se joindre à l'analogie de position. Les plus méridionaux de ces plis vont encore disparaître sous la mer, tandis que les autres vont se réunir dans le massif de Sainte-Victoire. Or, ce massif s'arrête aussi brusquement, au point où il atteint sa plus grande hauteur et où il fait apparaître les terrains les plus anciens. Il est limité par une troisième dépression transversale, que remplissent les terrains oligocènes discordants. Cette dépression, moins bien marquée topographiquement que les précédentes, forme la plaine d'Aix et va au Nord, après avoir suivi à peu près la route de Pertuis à Manosque, rejoindre le cours de la Durance. Sur ce parcours, elle joue le même rôle que les précédentes ; non seulement les plis du massif de Sainte-Victoire, mais plus au Nord, les plis couchés de Vinon et de Gréoux s'arrêtent à son contact.

Rôle apparent des bandes transversales. — Ainsi, la région est traversée par trois bandes à peu près parallèles, dont l'une est la bordure du massif cristallin, et qui jouent le rôle d'obstacles ou de barrières dans le champ de développement des plis principaux. La plupart des plis arrivent normalement en face de ces bandes, et s'arrêtent à leur contact, comme en face d'un massif résistant, et pourtant la bande de Barjols est énergiquement plissée et ses plis se raccordent sans discontinuité avec les anticlinaux du système principal. On pourrait croire que ces bandes marquent les points où la surface ondulée des terrains cristallins, ou autrement dit, la continuation souterraine du massif des Maures, se rapproche le plus du jour, et cette hypothèse semblerait confirmée par la présence du Trias qui affleure d'une manière presque continue dans la bande de Barjols. Mais il est bien singulier alors que ce Trias, si énergiquement plissé avec ses grandes barres verticales de Muschelkalk, et formé en somme de termes relativement peu épais, ne laisse nulle part, dans toute son étendue, apparaître les terrains plus anciens. Il n'est pas moins singulier de le voir s'arrêter au Nord, limité par une faille semi-circulaire, et ce qui l'est plus encore, c'est qu'au delà de cette faille la dépression continue plus au Nord, interrompant toujours les plis à son contact, mais correspondant alors à un simple synclinal. Tout cela n'indique guère un rapprochement des terrains cristallins, qui semble encore moins vraisemblable dans la dépression d'Aix. D'ailleurs, un autre point est à noter : ces trois dépressions marquent les lignes de pénétration dans la région des lagunes oligocènes ; elles étaient donc, dès cette époque, des lignes de dépression, plus accentuées encore qu'aujourd'hui.

Examen des différents massifs. Massifs compris entre les bandes transversales de Cuers et de Barjols.

Passons maintenant à l'examen des différents plis ou faisceaux de plis ; nous allons voir combien les singularités de cette structure s'accentuent et deviennent de plus en plus difficiles à comprendre quand on entre dans le détail. Entre la plaine de Cuers et celle de Barjols s'échelonnent, du Nord au Sud, et sans parler des plis plus septentrionaux, quatre grands massifs : celui de Salernes et d'Aups, celui de Bras, celui de la Sainte-Baume et le bassin du Beausset.

Massif de Salernes et d'Aups. — Celui de Salernes et d'Aups a été décrit en détail par M. Zurcher[1]. Au Sud comme au Nord-Est, les coupes montrent deux plis se renversant vers le centre du massif, avec des chevauchements qui, pour l'un et

[1] *Bull. Soc. géol.*, 3e sér., t. XIX, p. 1178.

pour l'autre, dépassent deux kilomètres. Ces plis, toujours renversés l'un vers l'autre, viennent se rejoindre au-dessus de Lorgues, et en se rejoignant ils se neutralisent. Ou, si l'on veut, c'est un pli unique qui, toujours renversé vers l'intérieur du massif, viendrait tourner autour de la petite colline de Saint-Ferréol. C'est là la fin du synclinal intermédiaire, qui non seulement s'arrête là brusquement, mais montre ainsi son extrémité formant une colline isolée au

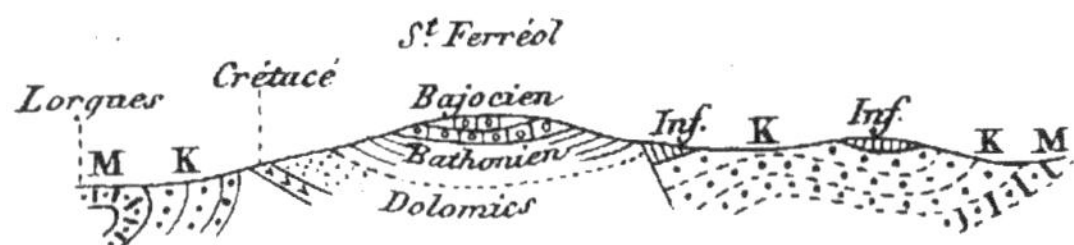

Fig. 2.
Inf., Infralias. — K, Marnes irisées. — M, Muschelkalk.

milieu du Trias, et constituée à sa base par le Crétacé, sur ses flancs par les dolomies du jurassique supérieur et à son sommet par le Bajocien (fig. 2).

Massif de Bras. — Le massif de Bras n'a pas été décrit en détail, mais la carte très fidèle de M. Zurcher permet d'en résumer les singularités les plus marquantes. A l'Ouest, il s'appuie contre le Trias de la dépression de Barjols par une large courbe arrondie, le long de laquelle viennent s'infléchir plusieurs plis secondaires. Une petite bande de Crétacé s'interpose entre le massif et le Trias, s'enfonce sous le Trias, et supporte plusieurs îlots de terrains jurassiques, dont la provenance reste inconnue [1]. De l'autre côté, la terminaison est plus étrange encore Le massif s'amincit au Sud-Est en une chaîne longue et étroite, formée par des couches verticales. On voit ces couches verticales et la rangée de collines correspondante s'avancer tout droit vers la bordure permienne, puis, sans se contourner, sans s'abaisser, disparaître en la touchant. Au pied de ces collines, le Permien étale ses couches continues, sans trace de dérangement. La colline la plus orientale s'avance un peu plus loin que les autres et se surélève à son extrémité (piton

Fig. 3.
j^5, Dolomies jurassiques. — j_{II}, Bathonien calcaire. — j_{III}, Bathonien inférieur. — K, Marnes irisées. — M, Muschelkalk.

du Cannet du Luc). Or, comme à Saint-Ferréol, on trouve que ce piton est formé à la base de dolomies du Jurassique supérieur, couronnées par du Bathonien renversé (fig. 3 et 4). « Les couches horizontales, écrivais-je en 1897 [2], sont

[1] Plis couchés de la région de Draguignan, *Bull. Soc. géol.*, 3e sér., t. XVII, p. 245.
[2] *Ann. de Géographie*, mai 1897.

entourées d'une faille semi-circulaire, qui a protégé en l'enfouissant la partie renversée du pli et a supprimé la racine d'où elles provenaient. Cette coupe... semble seulement pouvoir s'expliquer en supposant que, sur une table immobile de Permien, les terrains supérieurs aient glissé d'un mouvement d'ensemble, en se froissant et s'accidentant, d'une manière indépendante, de plis superficiels

Fig. 4.
j^5, Dolomies jurassiques. — j_{II}, Bathonien calcaire. — g.b., grès bigarré.

sans racine en profondeur, susceptibles par conséquent de disparaître en tout ou en partie par le seul effet des dénudations. C'est une hypothèse à laquelle j'ai souvent pensé, sans pouvoir trouver en sa faveur assez d'arguments pour la développer utilement; mais en dehors de toute hypothèse, le fait matériel, palpable, est la cessation brusque du pli avec enfouissement de son extrémité. »

Massif de la Sainte-Beaume. — C'est un mode de terminaison analogue qu'on constate à l'Est pour le massif de la Sainte-Beaume. Les plis qui le composent se redressent pour former la série des collines, alignées Est-Ouest, qui entourent ou prolongent le bassin de Camps, puis ils disparaissent en face de la plaine permienne, par fusion des anticlinaux et par enfouissement des synclinaux dans le Trias.

Comme il n'y a pas là de couches renversées, la difficulté peut sembler moindre; mais ce qui paraît étonnant alors, c'est la rapidité avec laquelle ont cessé les phénomènes de charriage. Ces phénomènes, déjà visibles au Sud de Brignoles, atteignent au delà de la Loube une ampleur considérable; la pénétration du Crétacé sous le Jurassique, dans le vallon de Roquebrussane, est d'au moins trois kilomètres. Elle reste au moins aussi grande jusqu'à Saint-Pons, c'est-à-dire jusqu'au voisinage de l'extrémité Ouest, et alors semble cesser de nouveau, en même temps que le massif lui-même s'abaisse et disparaît au contact de la seconde bande transversale, celle du Trias de l'Huveaune et de Barjols.

En réalité même, cette pénétration de trois kilomètres ne donne pas la mesure des déplacements subis : en avant du front de la Sainte-Beaume, au Nord du Plan d'Aups, une longue bande de terrains jurassiques fait saillie au-dessus du Crétacé et une bande d'apparence et de composition semblables, mais plus morcelée, se retrouve au Nord du bombement de la Lare, au milieu du Crétacé de Saint-Zacharie. J'ai conclu autrefois que toutes ces collines jurassiques étaient sans racine et superposées au Crétacé; j'espère dans ce mémoire en apporter les preuves définitives. Les plus méridionales se rattachent sans discontinuité à la nappe de la Sainte-Beaume : pour les plus septentrionales, celles de Saint-Zacharie, il n'y a plus continuité, et j'avais proposé un moment de les faire venir du Nord. Je montrerai qu'elles appartiennent certainement à la même nappe, et alors c'est un charriage de neuf kilomètres qu'il faut admettre. C'est ce charriage qui cesserait brusquement, sans laisser de trace plus à l'Ouest.

A l'extrémité, la ligne de crêtes (fin de la chaîne de la Sainte-Beaume, sur la carte d'État-Major) décrit au-dessus du Trias une courbe arrondie qui rappelle la terminaison du massif de Bras. Le Jurassique de cette ligne de crêtes est compris entre deux bandes crétacées, qui s'enfoncent sous lui de part et d'autre. Nous verrons que cette crête est entièrement superposée au Crétacé ; l'arrêt du pli, ou au moins de la nappe de charriage, ne peut donc être qu'une apparence. Cette nappe ne peut pas ne pas s'être continuée vers l'Ouest, et si on ne la retrouve pas, c'est qu'elle a été dénudée ou qu'on n'a pas su la reconnaître.

Le flanc Sud du massif de la Sainte-Beaume présente encore un point remarquable et obscur, c'est la bande de Trias de Méounes, limitée par des failles courbes et enfouie entre des collines jurassiques qui, au Sud, au Nord et à l'Est (les Tuves), montrent leurs couches s'inclinant vers le Trias. M. Zurcher m'avait depuis longtemps suggéré l'idée que ce Trias pourrait être là en superposition anormale. De nouvelles observations ont augmenté la probabilité de cette solution qui, si elle venait à être prouvée, accentuerait encore la discontinuité des charriages.

Bassin du Beausset. — Au Sud de la Sainte-Beaume s'étale le large bassin crétacé du Beausset, qui sur son bord méridional, entre Ollioules et la mer, s'enfonce sous le Trias. L'importance du mouvement qui a poussé le Trias sur le Crétacé est prouvée par les îlots triasiques qui ont échappé à la dénudation, et qui, au Sud du Beausset comme au Castellet, apparaissent au milieu des assises plus récentes.

Le Crétacé s'enfonce partout sous ces îlots tout le long de leur pourtour ; il reparaît même à l'intérieur du plus important, au fond des dépressions dues à une dénudation plus profonde. On a voulu voir là un *champignon* ; c'est un des cas où, à cause de la petitesse *du pied* et de la largeur des bords, les objections générales faites au début s'appliqueraient avec le plus de force. Mais, en outre, il existe auprès du Beausset une preuve directe et absolue de la réalité des chevauchements, c'est la *presqu'île* de Fontanieu [1]. C'est, comme je l'ai montré, une languette étroite de Trias qui, se détachant du massif du télégraphe de la Cadière, s'avance vers l'Est au milieu des assises crétacées les plus récentes. Ces assises plongent de part et d'autre sous le Trias ; la conclusion naturelle est qu'elles passent sous la languette. M. Toucas [2] et M. Fournier [3] ont contesté cette conclusion, et préfèrent voir dans cette languette un pli spécial, couché en éventail sur

[1] Je rappelle que je ne fais que reproduire ici un des arguments invoqués dans mon premier mémoire sur le Beausset. C'est *la concordance des coupes* des deux côtés de la vallée de Bandol qui me semblait dès lors fournir la preuve définitive de la superposition du Trias du Beausset au Crétacé.

[2] *Bull. Soc. géol.*, 3e sér., t. XXIV, 15 juin 1896, pp. 637-639, fig. 13 et 14.

[3] C. R. des excursions des élèves des Facultés de province, *Ann. Faculté des sciences de Marseille*, 1895. *Bull. Soc. géol.*, 3e sér., t. XXIV, p. 709.

ses deux versants. Ainsi que je l'ai dit autre part [1], mais sans donner de figure nouvelle à l'appui, il suffit de comparer trois coupes parallèles voisines pour montrer à quelles impossibilités se heurte cette conception. La première coupe (fig. 5), celle qui a été donnée par M. Toucas, passerait à peu près au milieu de la lan-

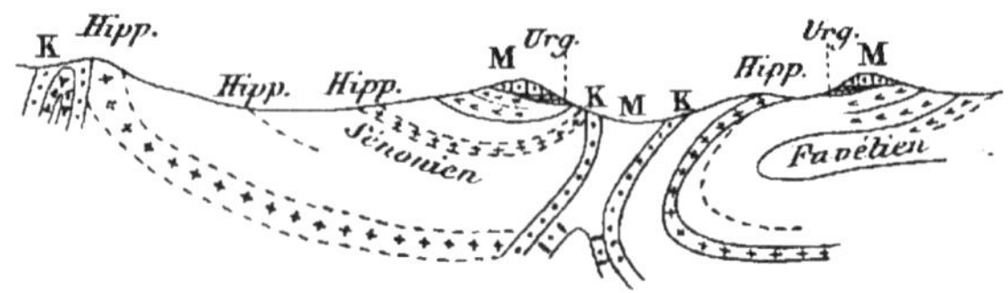

Fig. 5 (d'après M. Toucas).
Urg. Urgonien. — K, Marnes irisées. — M, Muschelkalk.

guette. Elle montre au Sud une première masse triasique se renversant sur une première dépression crétacée, dans laquelle un sommet isolé est couvert d'un chapeau triasique. Au Nord, le même Crétacé plonge sous la languette, qui se renverse aussi au Nord sur le bassin crétacé principal. Si l'on fait une seconde

Fig. 6 (Coupe 1 kil. à l'O. de la fig. 5).
K, Marnes irisées.

coupe un kilomètre à l'Ouest (fig. 6), les deux nappes, celle du pli méridionnal et celle de la languette, sont arrivées à se rejoindre, à se recoller, et ne forment plus qu'une nappe continue ; tout le long de la surface créée par cette réunion, le Crétacé s'enfonce sous le Trias. Enfin, si l'on fait une troisième coupe un kilomètre plus à l'Est (fig. 7), le pli méridional, reporté d'ailleurs de près de trois kilomètres vers le Sud, continue à se renverser sur le Crétacé, mais, en face de la languette, on ne trouve plus qu'une succession régulière et uniforme, sans trace de pli ni d'accident. Toutes ces circonstances s'expliquent d'elles-mêmes, si les contours des affleurements de Trias sont découpés dans une même nappe de chevauchement, et elles sont inexplicables autrement.

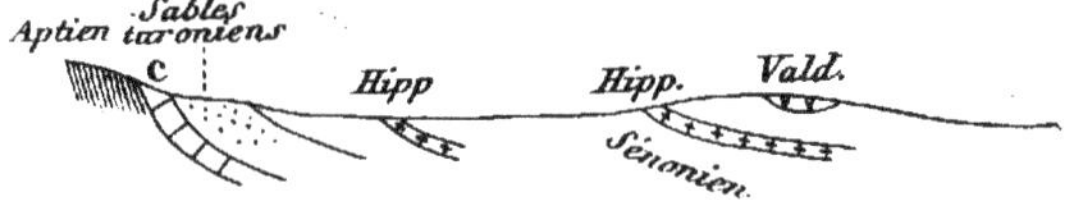

Fig. 7 (Coupe 1 kil. à l'E. de la fig. 5).
Vald., Valdonnien. — Hipp., Hippurites.

La conclusion s'étend naturellement à l'îlot du Beausset, qui fait face à la lan-

[1] *Bull. Soc. géol.*, 3e sér., t. XXIV, p. 763.

guette et témoigne seulement d'un charriage plus énergique encore. De ce côté, à mes yeux, il n'y a ni incertitude ni difficulté ; mais il n'en est pas de même du côté de l'Est. Le pli triasique de la bordure semble très rapidement devenir un pli droit, sans renversement. De plus, on trouve de ce côté une autre languette triasique, celle de Broussan, qui fait *à peu près* face à celle de Fontanieu, et qui se prolonge entre le Faron et le Coudon. Là seulement, au lieu d'être nettement superposé aux terrains récents, le Trias, limité par une faille périphérique, est enfoui comme à l'emporte-pièces au milieu de hautes montagnes crétacées, le Caoumé et le Coudon au Nord, le Cap Gros et le Faron au Sud. L'analogie doit pourtant, malgré les difficultés apparentes, faire examiner l'hypothèse que ce Trias soit superposé au Crétacé ; une coupe relevée par M. Zurcher le long d'un nouveau chemin du Coudon, paraîtrait favorable à cette nouvelle interprétation. Si une nouvelle étude sur les lieux la confirmait, il resterait à rechercher les rapports de ce Trias avec celui du Beausset ; mais, en toute hypothèse, il y a là une structure inexpliquée.

Il faut dire enfin que les plis du Sud du Beausset se terminent en face de la bande permienne, de la même manière que ceux du massif précédent. Ici encore, trois synclinaux s'arrêtent, bordés par une faille périphérique et enfouis dans les terrains plus anciens. Une faille périphérique semblable entoure le Faron, et le fait que trois sommets voisins, de même composition, de même allure, se trouvent isolés de la même manière par des failles à contour elliptique, appelle encore l'idée que ces failles pourraient être l'affleurement d'une surface unique de glissement, fortement ondulée autour d'une position moyennement horizontale.

Résumé. — En résumé, ce premier faisceau de plis et de massifs compris entre les bandes de Cuers et de Barjols, outre le caractère fondamental de l'arrêt des plis sur le bord de ces bandes, présente une série de traits particuliers, peu explicables jusqu'ici, et qui tous appellent l'idée de phénomènes d'ensemble encore inaperçus. Les chevauchements et charriages sont plutôt plus considérables qu'on ne l'a admis jusqu'ici, et seraient en contradiction avec la brusque cessation des plis, si celle-ci n'était pas, comme à l'Ouest de la Sainte-Beaume, une simple apparence. La difficulté la plus frappante est la terminaison des massifs de Salernes et de Bras, sous forme de collines isolées, enfouies dans le Trias et constituées par des couches horizontales renversées.

Massifs compris entre les bandes transversales de Barjols et d'Aix.

Je ne parlerai ici que des massifs de Sainte-Victoire, de l'Olympe, d'Allauch et de l'Etoile. Ceux que je viens d'étudier à nouveau et que je décrirai plus loin, fournissent la preuve de chevauchements d'ampleur inattendue. D'ailleurs, les phénomènes d'arrêt et de cessation brusque sur le bord des bandes transversales sont les mêmes que dans le faisceau précédent ; mais ici je montrerai, au moins pour la partie méridionale, qu'il n'y a pas arrêt réel et qu'il s'agit d'une simple apparence due à la composition variable des nappes, à leur plissement postérieur et aux inégalités des dénudations. *Il devient alors très probable*, sans pouvoir encore préciser l'explication, *qu'il en est de même pour les massifs de la première zone.*

Massif de Sainte-Victoire[1]. — Le massif important qui vient culminer au-dessus d'Aix à Sainte-Victoire, s'épanouit à l'Est en s'abaissant et en se morcelant en dômes juxtaposés. Il chevauche du côté du Nord sur un bassin crétacé, rempli à l'Ouest par le Néocomien, à l'Est par le Crétacé supérieur et l'Eocène lacustre. La bordure de ce bassin semble formée par une falaise continue, qui, quand on analyse de plus près sa structure, se montre constituée par une série de dômes qui viennent obliquement comme se relayer et aligner leurs extrémités. Les dépressions qui séparent les dômes ne forment que de légères encoches dans la falaise calcaire et n'interrompent pas sa continuité. C'est là, je crois, une remarque importante, qui peut mettre sur la voie d'une explication pour une partie des anomalies signalées en Provence. Si chacun des dômes était une unité indépendante, si chacun d'eux du moins avait produit pour sa part le chevauchement qui correspond à son extrémité, il serait inexplicable que tous ces chevauchements aient la même amplitude et se raccordent pour former une muraille continue ; il serait encore plus inexplicable que les effets produits le long de cette falaise soient partout hors de proportion avec l'importance du sillon qui sépare les dômes. Il en résulte que vraisemblablement *les chevauchements et la formation des dômes sont deux phénomènes indépendants*, que la structure en dômes s'est superposée à la structure chevauchée, mais qu'elle ne l'a pas produite.

Le bassin crétacé sur lequel a lieu le chevauchement est coupé en deux par une nouvelle bande triasique, la petite bande de Rians, qui se dresse transversalement comme un mur d'arrêt. Le Crétacé s'élargit au contact ; il envoie au Nord et au Sud des petites pointes[2] comme pour chercher à contourner l'obstacle, et il le contourne en effet du côté du Sud ; puis, de l'autre côté, le bassin reprend avec la même largeur et la même direction. Si l'on n'était pas arrêté par l'impossibilité apparente d'en trouver l'origine, on dirait que ce Trias est superposé au Crétacé et enfoui dans une dépression de sa surface.

Ce fait étrange est d'autant plus digne de remarque, qu'il se reproduit exactement un peu plus loin sur le bord de la grande bande de Barjols. La plaine crétacée d'Esparron fait face à celle de Pontevès et de Salernes, également chevauchée par le massif qui la borde au Sud. Là encore les deux bandes crétacées, comme pour chercher à se rejoindre malgré l'obstacle triasique, se faufilent le long de ses bords et là encore on dirait qu'elles passent sous l'obstacle. Je suis maintenant persuadé que cette apparence est une réalité, et j'aurai l'occasion plus loin d'en donner les raisons.

[1] Collot, Description géol. des environs d'Aix (1880) et Plis couchés de la faille d'Aix (*Bull. Soc. géol.*, 3e sér., t. XIX, p. 1134).

[2] C. R. des séances de la Soc. géol., 15 mai 1893, p. LIII. L'explication essayée dans cette courte note me paraît maintenant peu vraisemblable.

Le massif de Sainte-Victoire semble s'appuyer contre la bande triasique de Barjols par une longue faille, presque partout masquée par les dépôts oligocènes discordants. Au Sud, il paraît plonger régulièrement sous le bassin crétacé de Fuveau, sauf à l'Est où il se renverse légèrement sur les collines du Cengle.

Massif de l'Olympe[1]. — Les autres massifs qu'il me reste à examiner sommairement seront prochainement décrits en détail ; ils forment la bordure méridionale du bassin de Fuveau. Ce bassin, à son extrémité, s'amincit en un bande étroite qui, comme les plis entre lesquels elle semble comprise, s'avance normalement vers le bord de la bande triasique et disparaît avant de l'atteindre. C'est le même phénomène d'arrêt brusque qu'à Rians et qu'à Barjols ; mais ici la correspondance avec le Crétacé de Bras, sur l'autre bord, apparaît avec moins d'évidence.

Le massif de l'Olympe chevauche sur le bassin de Fuveau, aussi bien sur sa pointe terminale que sur sa partie élargie. L'apparition du Crétacé dans de véritables « trous » du plateau jurassique, manifestement par dénudation et non par effondrement (à Berne et à Brunet), montre que la pénétration des terrains récents sous la masse de recouvrement est considérable. Au Sud, le massif semble se souder avec les terrains jurassiques, bien en place, du bombement de la Lare. Je montrerai qu'il s'agit au contraire de deux unités distinctes, séparées par une grande faille.

Le chevauchement de l'Olympe a été naturellement attribué à un pli couché important. Ce pli couché présenterait deux anomalies, son arrêt brusque à l'Est, et aussi l'indépendance complète de son flanc inférieur : les courbes de niveau des couches crétacées ne sont pas affectées dans leur allure par le voisinage du pli ni par l'approche de la falaise chevauchée ; celle-ci est comme une masse étrangère, sans influence sur le substratum.

Il en est ainsi jusqu'au signal de Regaignas, à l'Est duquel le pli semble se redresser pour faire place à un pli droit, ou pour mieux dire à une large voûte coupée au Sud par une faille verticale. Et au moment où le pli perd ainsi son importance, subitement il perd son innocuité vis-à-vis des couches du bassin crétacé[2] : toutes les courbes de niveau et tous les accidents du bassin s'ordonnent autour de ce petit massif, qui n'est qu'une partie du massif de Regaignas de la carte d'État-Major, et qu'il vaut mieux désigner sous le nom de massif de la Pomme. Il y a donc là une nouvelle anomalie : un pli peu important, ou mieux un dôme peu accentué de la bordure du bassin en règle toute l'allure ; les autres plis, beaucoup plus énergiques, avec renversements et étirements, n'ont pas d'action sur cette allure. La conclusion qui s'impose c'est que ces derniers ne sont pas de véritables plis, que ce sont au moins des accidents d'une autre nature, et là encore on se trouve donc amené à l'idée déjà énoncée, qu'il y a indépendance entre les dômes et les chevauchements.

Le massif de la Pomme est d'ailleurs séparé du massif de l'Olympe (*sensu lato*) par une rainure remplie de Crétacé, superposé au premier et s'enfonçant sous le

[1] Collot, Plis couchés de la faille d'Aix (*Bull. Soc. géol.*, 3e sér., t. XIX).
[2] V. *Ann. des mines*, juillet 1898, pp. 10 et 11.

second. La véritable continuation de ce dernier est à chercher dans les collines situées entre la Bourine et la Détrousse, ainsi que dans le petit massif de Peipin.

Massif d'Allauch. — Le petit massif de Peipin, comme l'Olympe, chevauche sur le bassin crétacé de Fuveau. Si le chevauchement est dû à un pli couché, ce pli présente une singularité tout à fait extraordinaire : il se détourne vers le Sud pendant huit kilomètres environ, contourne le massif d'Allauch, et revient, après cet énorme circuit, se raccorder, le long du bassin de Fuveau, avec sa direction première. Tout le long de ce parcours, ce pli, faillé, étiré, écrasé, se renverse sur le massif qu'il entoure. J'ai indiqué, dès le début[1], qu'une seule explication semblait rationnellement possible : cette apparence de pli périphérique serait due à la dénudation partielle d'une vaste nappe de recouvrement qui aurait recouvert autrefois tout le massif d'Allauch. Dans cette hypothèse, l'allure des couches montrerait ce fait important que *les nappes de recouvrement ont été plissées postérieurement à leur formation.* Mais ensuite [2], en analysant de plus près les rapports avec les massifs voisins, il m'a semblé impossible de trouver vers l'Est la continuation de cette nappe de recouvrement ; elle fait face à la nappe de la Sainte-Beaume, mais, d'après l'état des observations, celle-ci reposait sur un Crétacé superposé à la bande transversale triasique, tandis que le Crétacé d'Allauch s'enfonçait sous le même Trias. Ce n'était donc pas la même nappe, ou du moins on ne pouvait tenter un essai de raccordement qu'en faisant appel à deux immenses décrochements, peu probables en eux-mêmes et mal justifiés par les données d'observation. Je fus ainsi amené à discuter une seconde hypothèse, consistant à voir dans le massif d'Allauch une masse *affaissée*, que les terrains voisins, restés en place, auraient eu partout tendance à recouvrir. Plus tard, M. Fournier [3] a cru modifier cette seconde hypothèse, en proposant de voir dans le massif d'Allauch une *masse surélevée*, contre lequel les pressions auraient eu pour résultat d'écraser de toutes parts les terrains voisins, avec tendance à s'élever sur les flancs et à le recouvrir. Il est clair qu'avec d'autres mots c'est exactement la même hypothèse : comme nous ne connaissons que des *mouvements relatifs*, il est complètement indifférent pour l'étude de ces mouvements, de prêter à l'une ou l'autre des parties un *mouvement réel* d'affaissement ou de soulèvement. Les difficultés mécaniques sont identiquement les mêmes dans les deux cas, bien que l'une ou l'autre des rédactions puisse les rendre d'abord plus ou moins frappantes à l'esprit. Or, j'ai montré que ces difficultés étaient très grandes, et qu'elles ne pouvaient s'éluder en partie qu'en admettant l'effet de charriages antérieurs. On retrouve donc indirectement la même objection que dans la première hypothèses

On voit que c'est toujours la même difficulté, déjà signalée à Rians et à Barjols : les bandes triasiques transversales coupent et arrêtent les accidents, quelle que soit leur importance. Mais ces accidents reprennent de l'autre côté,

[1] C. R. Ac. des sciences, 26 oct. 1888.
[2] Le massif d'Allauch, *Bulletin des services de la carte géol. de France*, nº 24, déc. 1891.
[3] *Bull. Soc. géol.*, 3e sér., t. XXIII, p. 508.

comme si la bande triasique n'existait pas. La bande triasique apparaît donc comme un élément étranger ; tout se simplifierait et s'expliquerait sans peine si le Trias était un terrain récent et discordant, comme l'Oligocène qui le surmonte. On arriverait naturellement à un résultat analogue si le Trias fait partie d'une nappe de charriage. Or, dans le cas actuel, je montrerai que le Crétacé de la Sainte-Baume n'est qu'en apparence superposé à ce Trias, qu'en réalité il s'enfonce sous lui, et va ainsi rejoindre en profondeur le Crétacé d'Allauch. Ainsi tombent les objections à la première solution que j'avais proposée.

Massifs de l'Etoile et de la Nerthe [1]. — Le massif de l'Etoile, et celui de la Nerthe qui s'y soude étroitement, terminent vers l'Ouest la bordure méridionale du bassin de Fuveau. Le massif de l'Etoile chevauche sur le Crétacé, comme celui de l'Olympe ; mais là, au contact, entre les deux s'interpose une bande complexe où tous les terrains, du Bégudien au Trias, se pressent en bandes étroites et discontinues, dont chacune presque constituait une véritable énigme. En réalité, on a là affaire à une nappe de terrains renversés, avec tous les énormes et brusques étirements propres à ces nappes, et cette nappe a été affectée de plis nombreux, qui ont même souvent dépassé la verticale. Je montrerai que cette nappe se retrouve tout autour du massif, dont elle forme le substratum, et que le massif par conséquent repose tout entier sur le Crétacé. Cette conclusion est confirmée par l'existence de « trous » analogues à ceux du massif de l'Olympe, et qui, en plein milieu du massif de la Nerthe, à Valapoux et à la Folie, laissent apparaître en ellipses isolées le Crétacé sous-jacent.

Résumé.

J'ai cru utile de montrer dans ce premier exposé les difficultés considérables qui, dans l'état de nos connaissances, s'opposaient à une synthèse d'ensemble satisfaisante. Il ne s'agit pas seulement de ce que l'allure des plis a d'inusité, de ce rôle singulier des bandes transversales, parallèles au bord des Maures et semblant arrêter les plis à leur contact ; il ne s'agit pas seulement de l'espèce de contradiction qui existe entre l'allure anticlinale de la bande médiane, celle de Barjols, et le rôle qu'elle a joué immédiatement après sa formation, de dépression ouvrant la voie aux lagunes oligocènes [2]. Ce sont là sans doute des apparences inusitées, mais dont on peut, sans même les expliquer, admettre la possibilité. Il n'en est déjà plus de même quand on voit de grands plis couchés cesser brusquement. Encore moins peut-on comprendre que deux grands plis couchés puissent se faire face sur les deux bords d'un même massif, et cesser tous deux ou se raccorder en demi-cercle autour de

[1] Collot, Plis couchés de la feuille d'Aix (*Bull. Soc. géol.*, 3e sér., t. XIX) ; Fournier (*Bull. Soc. géol.*, t. XXIV, p. 255) ; M. Bertrand, *Ann. des mines*, juillet 1898.

[2] Contradiction soulignée encore par le fait que la bande anticlinale, de l'autre côté de la faille qui la limite au Nord, se prolonge par un vrai synclinal, sur les bords duquel s'arrêtent aussi les plis.

son extrémité. La difficulté prend même une forme imprévue et plus frappante encore, lorsque, comme au Cannet du Luc, la dénudation semble avoir coupé les racines des deux plis et ne laisse plus subsister de cette ensemble complexe, double pli couché et synclinal qui les sépare, qu'une colline isolée, constituée par des couches horizontales et renversées. Si l'arrêt des plis est réel, c'est encore un hasard bien étrange qui les fait si souvent se correspondre deux à deux, avec tant de précision, des deux côtés du Trias qui les sépare. Si les chevauchements du Sud du bassin de Fuveau sont dus à des plis couchés, il est extraordinaire que tous ces plis soient sans influence sur l'allure des couches crétacées, et que seul, le petit massif de la Pomme en règle et en détermine toute la structure.

J'ai commencé l'énumération de ces problèmes par la partie orientale, celle dont il ne sera pas question dans ce mémoire, parce que c'est celle que je n'ai pas encore étudiée à nouveau, celle pour laquelle je ne vois pas encore se dégager une solution d'ensemble, et que je m'y sentais ainsi en quelque sorte plus impartial pour exposer les difficultés. A mesure qu'on s'avance vers l'Ouest, j'ai pu faire ressortir des indices qui suggèrent l'existence probable d'une nappe charriée, et montrer comment cette hypothèse suffirait à dissiper les contradictions. Enfin, pour le Sud du bassin de Fuveau, j'ai pu être plus affirmatif, parce que les faits nouveaux que je vais maintenant exposer me paraissent démontrer d'une manière définitive l'existence de cette nappe générale de recouvrement. La solution, pour être satisfaisante, devra évidemment s'appliquer aussi bien à l'Est qu'à l'Ouest du pays ; par sa nature même, elle doit être générale. Je ne suis pas encore en état de faire partout une délimitation exacte entre les terrains en place et les terrains chevauchés. La discussion pour les différents massifs fera l'objet d'autres mémoires dont j'ai déjà recueilli en partie les éléments, et qui, je l'espère, feront prochainement suite à celui-ci. Mais j'ai cru qu'il y avait dès maintenant intérêt à exposer dans une sorte de préface commune à ces études successives, la multiplicité et la diversité des problèmes qu'il faut éclaircir. Plus on se sera pénétré des difficultés de toute sorte qu'ils présentent, moins on sera tenté d'opposer à la solution l'invraisemblance que lui donne à première vue l'ampleur des phénomènes invoqués.

III. — MASSIF DE L'ÉTOILE ET SES DÉPENDANCES

(Pl. II et III)

Plan de l'exposé. — Le massif de l'Etoile proprement dit correspond, entre le bassin de Fuveau et la plaine de Marseille, à la partie comprise entre la dépression où passe le chemin de fer d'Aix (dépression de Septèmes) et celle où passe la route d'Italie (dépression des Maurins et de Pichauris). Les collines à l'Ouest de la première forment le massif de la Nerthe, qui s'étend jusqu'à la mer ; à l'Est de la seconde, une autre série de collines forme le massif d'Allauch. Chacun de ces massifs présente des traits spéciaux, dont je chercherai à analyser les raisons ; il n'en convient pas moins de les joindre dans une même étude, parce que *leur ensemble est entouré d'une ceinture discontinue de terrains renversés.* C'est ce premier point que je veux commencer par établir, car il a été pour moi, et il reste, je crois, le point de départ naturel des conclusions énoncées dans ce mémoire. De plus, *ces terrains renversés ne sont en relation de voisinage avec aucun pli important, qui puisse en expliquer l'origine.* Ces données nous permettront d'établir que, sauf les collines d'Allauch qui sont un pointement du substratum, *l'ensemble du massif de l'Etoile est superposé au Crétacé.*

III_a. — LA CEINTURE DE TERRAINS RENVERSÉS

La ceinture de terrains renversés se montre avec un grand développement, au Nord, dans les collines de Simiane. Après une courte interruption, elle reparaît près de Pichauris, entre les collines de Peipin et celles d'Allauch ; elle pénètre très loin au Sud entre le massif d'Allauch et celui de l'Etoile, tandis qu'une autre branche, supprimée momentanément par une faille, ou peut-être seulement discontinue, s'arrondit autour de la pointe Sud-Est du massif d'Allauch, et se continue jusqu'à Allauch, où elle est masquée par l'Oligocène. On en retrouve peut-être pourtant encore un lambeau à l'Ouest près de Château-Gombert. Il est même à supposer, d'après les coupes de M. Fournier [1] et les renseignements de M. Repelin, qu'elle affleure encore sur les bords de la mer auprès de Figuerolles.

Bande de Simiane.

Plis retournés. — J'ai décrit en détail la bande de Simiane dans un travail spécial [2]. Je me contenterai ici, sans reproduire les discussions de détail, de rappeler les traits principaux.

La bande est énergiquement plissée ; les couches sont souvent verticales, avec un pendage dominant vers le Sud. Il semble donc difficile de reconnaître si, avant le plissement, ces couches étaient ou non renversées. La chose n'est même possible que parce que *des charnières ont été conservées.* Elles montrent en plusieurs points les terrains les plus récents au centre des anticlinaux, et les terrains les plus anciens au centre des synclinaux ; c'est une preuve immédiate et irréfutable.

Si l'on fait par exemple la coupe de la hauteur du Verger (fig. 8), on voit le Crétacé supérieur plonger au Sud sous l'Aptien, celui-ci sous l'Urgonien aminci, sous le Néocomien et les dolomies jurassiques, *et sous ces dernières apparaissent deux voûtes aiguës de Néocomien.* En poursuivant vers le Sud, le Néocomien s'enfonce sous les dolomies jurassiques, avec intercalation d'un peu de

[1] *Feuille des jeunes naturalistes*, janvier-avril 1895.
[2] Le bassin crétacé de Fuveau et le bassin du Nord, *Ann. des mines*, juillet 1898.

calcaire blanc (terme le plus supérieur du Jurassique) qui reparaît bientôt de l'autre côté des dolomies avec une épaisseur inusitée. Ces calcaires blancs forment une bande Est-Ouest, dans laquelle un peu plus loin perce le Néocomien (fig. 9) ; c'est donc un nouvel anticlinal *retourné*, semblable à ceux dont on voit la charnière dans la première partie de la coupe. Puis la série jurassique, verticale ou

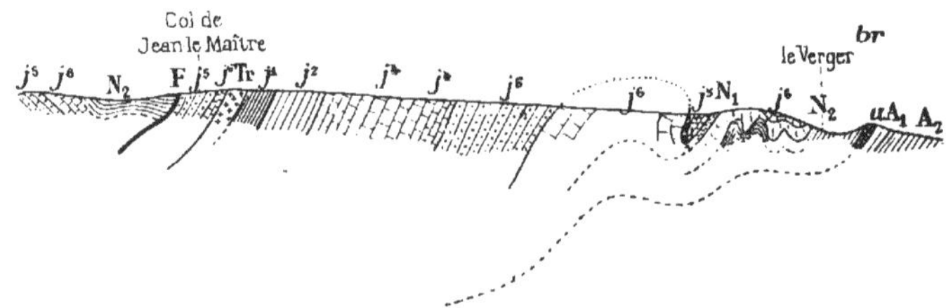

Fig. 8. — Coupe Nord-Sud par le Verger.

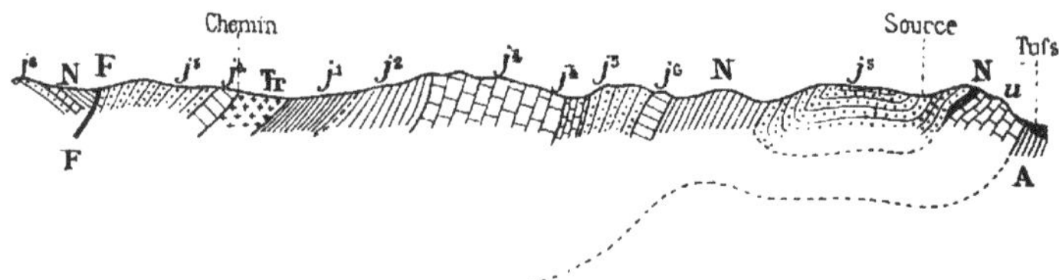

Fig. 9. — Coupe du ravin du Siège.

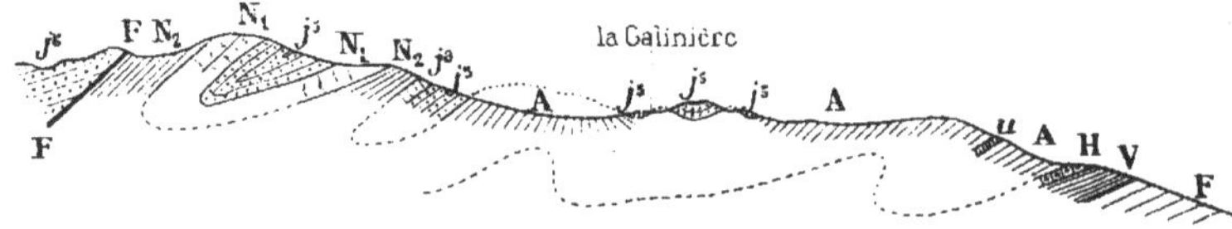

Fig. 10. — Coupe N.-S. par la Galinière.

Légende commune aux trois coupes.

F, Fuvélien. — V, Valdonnien. — H, calc. à Hippurites. — A, Aptien. — **u**, Urgonien. — N, Néocomien (N_1 Valanginien ; N_2 Hauterivien). — j^6, Calcaires blancs. — j^5, Dolomies. — j^4, Séquanien. — j^2, Oxfordien. — j^1, Callovien. — Tr, Trias. — F, Faille du Pilon du Roi.

légèrement renversée, continue jusqu'au Callovien, avec même un peu de Bathonien et de Bajocien un peu à l'Est de la coupe, et cette série s'enfonce sous le Trias.

Ce Trias n'est qu'une bande étroite, presque supprimée au col de Jean-le-Maître. Du côté de l'Est, elle se prolonge avec les mêmes caractères jusqu'aux Bastidonnes, où elle est disloquée par des accidents transversaux, et plus loin (ce qui fait en tout près de cinq kilomètres), à l'état de traînée filiforme ou même de simples blocs épars. Du côté de l'Ouest, elle s'élargit et cesse brusquement au hameau des Putis. On a été tenté d'en voir une réapparition dans l'îlot dolomitique de la Galinière (fig. 10), mais j'ai montré [1] que cet îlot était formé par des dolomies du Jurassique supérieur, superposées à l'Aptien.

Au Sud du Trias, la coupe montre encore un peu de calcaires blancs et de dolomies jurassiques, puis une grande faille ramène le Néocomien et une série régulière jusqu'à la plaine de Marseille.

La signification de cette dernière bande de Jurassique supérieur reste un peu obscure, si l'on se borne à l'examen des deux premières coupes. Mais, en suivant la bande vers l'Est, on la voit, toujours bordée au Sud par la même faille, s'élargir dans les crêtes de la Galère, du Pilon du Roi et de Notre-Dame des Anges. Auprès des deux premières, on voit très nettement le Néocomien s'enfoncer au Nord et au Sud sous les dolomies jurassiques; à N.-D. des Anges, la cuvette se renverse et l'on voit les deux Néocomiens se rejoindre sous le centre formé de dolomies. De plus, en descendant du Pilon du Roi aux Mares, près de la croisée du chemin

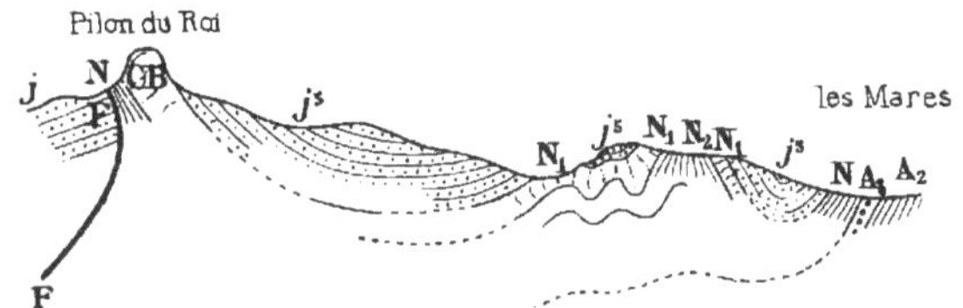

Fig. 11. — Coupe par le Pilon du Roi et la ferme des Mares.
A_3, Aptien supérieur, grèseux. — (A_2, Aptien schisteux. — N, Néocomien; (N_1 Valanginien, N_2, Hauterivien). — CB, calcaires blancs, valanginiens ou jurassiques. — j^5, Dolomies. — F, Faille du Pilon du Roi.

de Notre-Dame-des-Anges, on retrouve (fig. 11) une coupe analogue à celle du ravin du Verger : l'Hauterivien dessine une double voûte fermée *au-dessous* du Valanginien, et l'ensemble est enveloppé par les dolomies jurassiques.

Le Trias de St-Germain est superposé au Jurassique et au Crétacé. — Ainsi, il n'y a aucun doute possible : le Trias est bordé au Nord et au Sud par deux bandes de terrains renversés, toutes deux accidentées de plis importants. Ces plis, quelle qu'en soit l'origine, sont dus évidemment à un phénomène postérieur, et, en en faisant un moment abstraction, le problème se réduit d'abord à expliquer l'origine des deux nappes renversées. L'idée de les attribuer toutes deux à un pli en éventail, dont le Trias formerait la racine écrasée, est en elle-même bien invraisemblable, mais de plus elle est absolument et matériellement contredite par la comparaison des coupes successives. Le Trias, comme je l'ai dit, s'arrête au hameau des Putis ; le Jurassique du Nord est là complètement écrasé contre ses bords, et l'Aptien pénètre en un golfe allongé (plaine de la Chapelle-St-Germain) entre le Trias et la bande jurassique du Sud. Le Trias est donc à son extrémité complètement entouré par l'Aptien, et dans cet Aptien, vers l'Est, il n'y a aucune trace de la continuation du pli énergique qui aurait amené le

[1] *Loc. cit.*, p. 24 et 25.

Trias au jour. Il faudrait supposer que ce pli s'est écrasé jusqu'à disparaître, ou en d'autres termes, que la masse du Pilon-du-Roi et de Notre-Dame-des-Anges a passé à travers l'Aptien sans laisser trace de son passage !

Le Trias est donc nécessairement superposé au Jurassique, comme le Jurassique l'est à l'Aptien. Il montre d'ailleurs au Nord et au Sud les marnes irisées plongeant sous le Muschelkalk ; *il fait partie de la nappe renversée.* Mais de plus l'étude détaillée de ce Trias montre un autre fait important, au point de vue des conclusions ultérieures : au-dessus du Muschelkalk reparaissent des marnes irisées (pl. III, fig. nº 3). Le Trias ne comprend pas seulement le haut de la nappe renversée; il comprend aussi la base de la série normale qui devait évidemment la surmonter. Au contact des deux nappes existait une brèche de friction, dont on voit encore un lambeau sur la route de St-Germain.

Cette bande triasique de St-Germain, que nous rencontrons ainsi au début de cette étude, et qui, pour tous ceux que préoccupe le sentiment de la continuité, était une des énigmes de la région, doit donc son allure anormale à ce qu'elle fait partie d'une nappe de charriage. Il convient d'insister dès maintenant sur ce point, parce que des bandes analogues sont fréquentes en Provence : tantôt largement épanouies, comme l'extrémité voisine des Putis, tantôt au contraire, rétrécies en minces filets, dont la continuité devient même difficile à suivre, mais presque toujours isolées au milieu de terrains plus récents, ces bandes constituent une des principales singularités de la géologie provençale. Or, la solution à laquelle nous arrivons dans le cas particulier de St-Germain, est une *solution générale* ; je prouverai successivement qu'elle s'impose, et cela par des raisonnements indépendants, pour les différentes bandes triasiques que j'aurai l'occasion d'étudier dans la suite.

Trias de la Galère. — On en rencontre déjà dans le voisinage un second exemple bien intéressant : sur le versant Sud de la Galère, au-dessus de la chapelle de St-Germain, l'Aptien est surmonté par une série de terrains renversés :

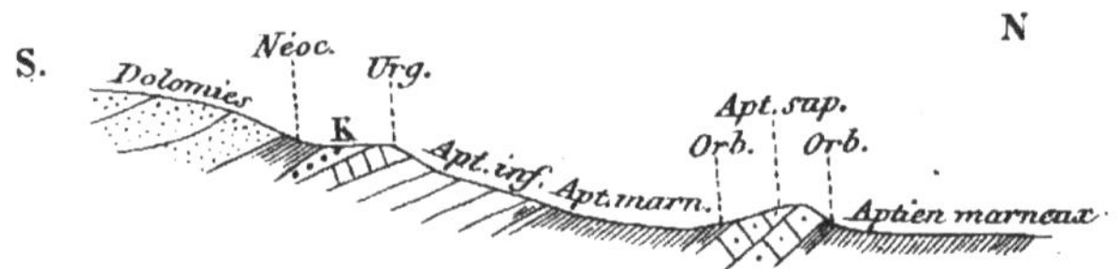

Fig. 12. — Coupe au dessus de la Chapelle Saint-Germain.
Orb., couches à Orbitolines. — K, Marnes irisées et cargneules triasiques.

c'est d'abord (fig. 12) l'Aptien inférieur, avec ses bancs calcaires et ses silex caractéristiques, puis l'Urgonien réduit à quelques lambeaux, le Néocomien aminci et le Jurassique supérieur. Or, entre le principal lambeau urgonien et le Néocomien, on trouve un affleurement de cargneules triasiques ou infraliasiques; il n'a pas plus de 20 mètres de largeur, et se suit sur un kilomètre environ, s'amincissant encore par places jusqu'à se réduire à des blocs intermittents. Si on enlevait ce

Trias, comme il se trouve en effet enlevé à l'Est et à l'Ouest, on aurait affaire à une série renversée continue, dans laquelle la présence du Trias n'apporte aucun dérangement ni aucune discontinuité ; il est jeté comme en écharpe sur cette série renversée, car il n'est pas toujours entre les mêmes termes. Il se comporte comme un terrain transgressif et discordant, englobé dans les mêmes plissements que le substratum. Les faits sont si nets qu'ils ne peuvent pas recevoir une autre explication : c'est un retour *par pli synclinal* de la bande triasique de St-Germain, et en même temps on acquiert la preuve que cette bande triasique est discordante avec son substratum, c'est-à-dire que, pendant le charriage, le Trias a été isolé par une surface de glissement secondaire, par un *thrust plane* légèrement oblique aux couches. Je renvoie pour plus de détails à ce que j'ai dit à ce sujet dans les paragraphes du mémoire déjà cité [1], relatifs à l'arrangement des couches dans les nappes charriées.

Galerie à la mer des Charbonnages des Bouches-du-Rhône. — En résumé, dans cette première région, les faits observés à la surface permettent d'établir d'une manière péremptoire l'existence d'une nappe de terrains renversés. Il est bon d'ajouter que, pour ceux qui se méfient, quelquefois avec raison, des raisonnements en géologie, on peut espérer d'ici peu une preuve matérielle et tangible, telle que seuls peuvent en donner les travaux de mines. La Société des Charbonnages des Bouches-du-Rhône, pour assurer l'écoulement des eaux qui entravent les travaux dans une grande partie du bassin de Fuveau, a entrepris le travail gigantesque d'une galerie souterraine, qui ira rejoindre la mer par dessous le massif de l'Étoile. L'emplacement de cette galerie, choisi uniquement d'après des considérations techniques, se trouve précisément être celui qu'il aurait fallu conseiller pour éclaircir le problème géologique ; la galerie passera sous la bande triasique, en un point voisin de sa plus grande largeur; elle passera sous le petit affleurement de Trias du pied de la Galère, et on peut presque affirmer, d'après les coupes de la surface, qu'elle ne rencontrera aucun de ces terrains; il est même probable qu'elle passera entièrement au dessous de la cuvette complexe formée par la nappe renversée, ou du moins que, si elle la rencontre, elle ne la rencontrerait vraisemblablement que dans sa pointe inférieure, assez près de son extrémité pour laisser à la preuve toute son évidence. Il n'en aurait pas été de même si la galerie avait été placée plus à l'Ouest, par exemple sous le ravin du Siège (v. la coupe fig. 9); là, la cuvette doit se creuser rapidement pour contenir la masse des terrains jurassiques, et il eût été possible que les terrains traversés présentassent encore une apparence attribuable à une racine de pli. D'un autre côté à l'Est (fig. 10), on n'aurait pas passé sous les bandes triasiques, et l'on aurait pu prétendre que rien n'était prouvé à leur égard. Les circonstances sont donc exceptionnellement heureuses ; il faut seulement attendre encore quelques années cette confirmation des résultats prévus [2].

[1] *Ann. des mines*, juillet 1898, pp. 38 et 39, fig. 11.
[2] La galerie à la mer doit avoir une longueur totale de 14.700 mètres. On a déjà percé environ six kilomètres du côté de la mer, et 1.200 mètres du côté du Nord.

Galerie de Valdonne. — Il y a déjà eu d'ailleurs une confirmation du même ordre, qui, quoique moins éclatante, n'en a pas moins son prix. La Compagnie de Valdonne a entrepris auprès de Cadolive, une galerie de recherches à peu près au niveau de la mer, et l'a poussée jusqu'à la rencontre des terrains du massif de l'Étoile (v. fig. 16, p. 29). Cette galerie, sur laquelle je reviendrai, passe au-dessous de l'extrémité de la nappe renversée, là très amincie et formée uniquement de couches aptiennes. Elle n'a pas rencontré ces couches aptiennes de la surface, et a seulement constaté auprès de la faille un relèvement et un retour des couches de la série fluvio-lacustre. La nappe renversée ne descend donc pas là jusqu'au niveau de la mer, et est tout entière englobée dans une cuvette du Crétacé supérieur.

La nappe renversée à l'Ouest de Simiane. — L'existence de la nappe renversée étant ainsi établie, étudions ce qu'elle devient de part et d'autre de la partie médiane. Du côté de l'Ouest, à moins de deux kilomètres du Verger, on voit s'intercaler un élément nouveau d'un grand intérêt : c'est un poudingue mêlé à des couches argileuses, dont M. Collot a montré d'abord l'association avec des calcaires à faune rognacienne, et dont M. Vasseur plus récemment, en le retrouvant dans la série normale, a pu établir avec plus de précision l'âge bégudien. L'intérêt de ce poudingue tient à ce qu'il se présente comme le Trias de la Galère avec les allures d'un terrain discordant. Il est bien englobé dans les plissements, mais il s'y trouve en contact successivement avec tous les terrains, de l'Aptien au Jurassique supérieur. C'est d'abord un étroit liseré intercalé entre l'Aptien et l'Urgonien ; en face de la station de Bouc-Cabriès, il s'élargit en prenant la place de l'Urgonien et du Néocomien qui s'arrêtent à son contact ; la bande dilatée se trouve alors comprise entre l'Aptien au Nord et la Jurassique supérieur au Sud. Au delà du chemin de fer, l'Urgonien et les dolomies jurassiques reparaissent au Nord des poudingues, et si l'on trace avec soin tous les affleurements, si on les rejoint entre eux *sans tenir compte de l'existence des poudingues,* on trouve qu'ils formeraient bien une série de bandes parallèles en prolongation de celles de l'Est. En plan comme en coupe, *l'allure des couches se continue comme si les poudingues n'existaient pas.* C'est exactement ce que j'ai indiqué plus haut pour le petit affleurement triasique de la Galère.

L'explication semble d'abord évidente : le poudingue est discordant, et cette discordance, ainsi qu'on l'a souvent admis, indiquerait que le massif de l'Étoile était déjà partiellement émergé au moment du dépôt du Bégudien. Mais, en y réfléchissant, cette explication est incompatible avec les données précédentes. Ce n'est pas le massif de l'Étoile, mais bien une partie de notre nappe de charriage que le poudingue bégudien aurait recouvert en discordance ; et comme ce poudingue bégudien existe dans la série normale voisine, celle au-dessus de laquelle ont eu lieu les charriages, comme par conséquent le charriage est postérieur au Bégudien, il ne peut y avoir là qu'une apparence trompeuse.

Si le poudingue ne peut pas être discordant *au-dessus* de la nappe charriée, c'est qu'il est discordant *au-dessous* d'elle. En d'autres termes c'est une apparition du substratum, qui correspond à un *bombement anticlinal*, comme celle du Trias de la Galère correspondait à un pli synclinal. Ce poudingue, avec les marnes qui l'accompagnent, *repsésente donc ici la surface sur laquelle s'est fait le glissement*, conclusion importante qui va nous permettre de préciser au Nord la limite de la nappe renversée.

C'est en effet une chose bien remarquable, c'est même, si l'on veut, en apparence, une objection possible aux conclusions précédentes, que les coupes relevées en cette partie, ou plus à l'Est jusqu'aux Cayols, ne montrent pas une limite nette entre la nappe renversée et les terrains en place. La série renversée se continue au Nord (fig. 13) en se rapprochant de plus en plus de la verticale,

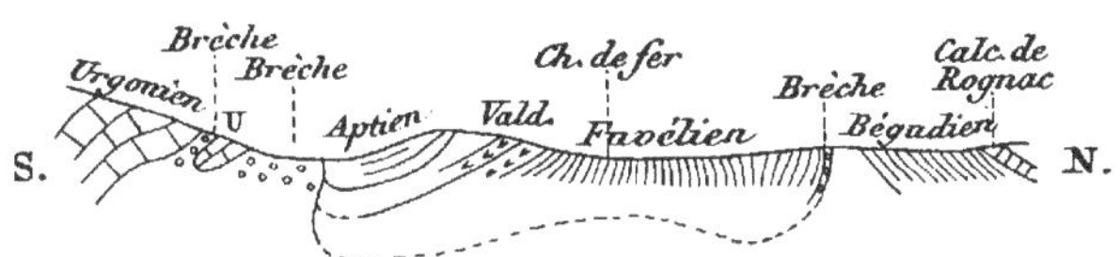

Fig. 13. — Coupe près la station de Bouc.

puis les couches s'inclinent en sens inverse et plongent en concordance sous le grand plateau éocène de Roquefavour. A l'Est la limite est marquée par une faille, que les exploitants appellent faille du Safre [1]; ici il n'y a plus de faille visible et toute limite semble avoir disparu.

Or, dans cette série continue, au point où elle est à peu près verticale, M. Vasseur, comme je l'ai dit, a retrouvé les poudingues bégudiens. Leur affleurement n'est pas là à plus de 500 mètres de la bande précédemment décrite ; leur affleurement Nord, comme leur affleurement Sud, doit donc également représenter la surface de glissement. La coupe s'explique conformément aux pointillés, et l'affleurement de la brèche, qui est, en effet, dans la prolongation de la faille du Safre, marquerait la limite Nord de la nappe renversée. J'essaierai de montrer plus tard, en discutant le mécanisme général de ces phénomènes, que cette continuité locale entre le substratum et la nappe renversée n'a rien d'étonnant ni de contradictoire.

Je n'ai pas fait en détail l'étude de la partie située à l'Ouest du chemin de fer. J'en ai donné précédemment [2] quelques coupes, et la nappe renversée me semble, d'après ce que j'ai vu, tenir dans les affleurements une place considérable. Mais il convient, avant d'en parler plus longuement, d'attendre le résultat des études entreprises par MM. Vasseur et Repelin. On peut dire pourtant dès maintenant que la bande comprise jusqu'au delà du tunnel de la Nerthe entre deux lignes d'affleurement de la brèche, doit par continuité, représenter un synclinal de la nappe renversée, ou, si celle-ci vient à s'étirer et à manquer

[1] Cette faille est parallèle aux couches et plissée avec elle. Voir, pour la faille du Safre et pour la faille de la Diote, le mémoire déjà cité sur le bassin de Fuveau et le bassin houiller du Nord (*Ann. des mines*, juillet 1898).

[2] *Loc. cit.*, p. 43, fig. 13.

complètement, un synclinal de la nappe supérieure de charriage. Cette bande comprend de l'Aptien et du Crétacé supérieur ; elle est très complexe et il est possible que le substratum y reparaisse par places, sous la brèche. Mais ce ne seraient en tous cas que des pointements peu importants.

Tranchée de Rebuty. — Cette conclusion, qui, jusqu'à nouvel ordre me paraît nécessaire, peut sembler contradictoire avec la coupe connue de la tranchée du chemin de fer près de Rebuty ; je ne le crois pas. Cette coupe, dont j'emprunte les éléments à celle de M. Matheron [1] (fig. 14), présente, indépendamment de toute interprétation, une grande singularité : les poudingues bégudiens et les argiles à Reptiles, que la tranchée du chemin de fer a trouvées associées avec eux, semblent posés en discordance sur la série du Crétacé inférieur. D'après les inclinaisons

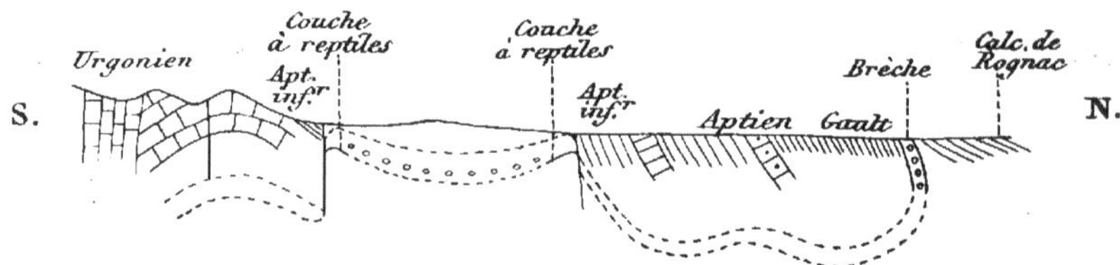

Fig. 14. — Coupe de la tranchée de Rebuty et de l'extrémité du tunnel de la Nerthe.

indiquées par M. Matheron, l'affleurement bégudien formerait une cuvette à bords réguliers et faiblement relevés, tandis que la série inférieure (Urgonien et Aptien), à couches beaucoup plus inclinées, se poursuivrait au-dessous *comme si les poudingues n'existaient pas*. Cette indépendance des deux séries est encore bien plus frappante, si l'on poursuit l'examen plus à l'Ouest : la cuvette bégudienne se ferme, et dans sa prolongation, comme l'indique la carte de M. Collot, et comme l'a vérifié M. Repelin, il n'y a ni faille ni accident d'aucune sorte; l'Aptien de Gignac surmonte l'Urgonien et va passer régulièrement sous le Gault. D'après ces données, la cuvette de la tranchée se présente donc bien avec l'apparence de terrains discordants.

Cette discordance est inadmissible ; elle serait en opposition avec toutes les coupes de la région. Il faudrait donc, pour expliquer les apparences observées, invoquer un affaissement sur place, dont la hauteur serait de plusieurs centaines de mètres. Ce n'est pas une impossibilité, mais cela n'est pas moins invraisemblable que le mouvement en sens inverse supposé par la coupe, mouvement dont l'amplitude n'aurait pas besoin d'être aussi grande.

Mais surtout, il faut remarquer que cet affleurement de poudingues bégudiens est en continuité avec ceux du voisinage de la tranchée de Septèmes, qui présentent la même apparence de discordance, et pour lesquels j'ai pu montrer avec certitude la raison de cette apparence. Elle est due près de Septèmes à un charriage de terrains plus anciens, auquel le poudingue a servi de substratum ;

[1] *Bull. Soc. géol.*, 2e sér., t. XXI, pl. VII.

il serait bien étrange qu'à quelques kilomètres de là, pour la même bande de poudingues, la même apparence ne fût pas due aux mêmes phénomènes. Ce qui pourrait faire hésiter, c'est que l'inclinaison des bancs, observée d'après M. Matheron, dans les travaux de la tranchée, est précisément opposée à celle que devrait faire prévoir l'hypothèse. L'hypothèse mène à considérer le poudingue comme perçant en anticlinal; or, les couches affectent au contraire la forme d'une cuvette. J'ai supposé provisoirement, pour expliquer la chose, deux failles verticales, dont l'une d'ailleurs est indiquée par M. Matheron; mais en tout cas il faut remarquer que l'inclinaison des couches bégudiennes vers le Nord est tout à fait locale, que partout ailleurs, à l'Ouest de la route des Pennes, elles s'enfoncent au Sud sous la falaise jurassique et urgonienne, que c'est là par conséquent leur allure normale, et qu'une coupe unique, dont les détails ne sont plus observables, ne peut à elle seule faire rejeter la signification commune de toutes les autres [1].

Pour toutes ces raisons, auxquelles viendront s'ajouter les coupes de la Folie et de Valapoux (v. plus loin, p. 53), je crois que le poudingue de Rebuty, comme celui de la tranchée de Septèmes, fait partie du substratum des nappes charriées. Je n'ose par contre me prononcer sur la question de savoir si la nappe renversée affleure encore dans cette partie. Mais je tenais à montrer qu'il n'y avait rien là d'inconciliable avec les coupes décrites plus à l'Est.

La nappe renversée à l'Est de Simiane. — La nappe renversée se continue à l'Est de Simiane jusqu'auprès de St-Savournin, avec une largeur progressivement diminuée; puis elle disparaît momentanément, non parce qu'elle a été dénudée, non parce qu'elle cesse d'exister, mais par ce qu'elle passe en profondeur sous le massif de l'Etoile. Une circonstance favorable permet d'établir les conditions de cette disparition, c'est l'existence de failles transversales, qui déchiquetent

[1] Il est utile de citer exactement le texte de M. Matheron (*Bull. Soc. géol.*, 2e sér., t. XXI, p. 517) :

« Peu après le puits n° 7, le souterrain entre dans un groupe de couches qui appartiennent au terrain aptien. Ces couches sont peu nombreuses; elles sont amincies et paraissent correspondre à un ancien littoral. Après les avoir traversées, le souterrain entre en entier dans un bassin lacustre, qui se prolonge jusqu'à mi-distance entre le puits n° 4 et n° 3.

« Dans cette partie de son parcours, le souterrain est établi à travers des roches généralement marneuses ou argileuses, n'offrant que fort rarement des traces certaines de stratification, et au milieu desquelles sont des amas irréguliers, plus ou moins considérables, de conglomérats polygéniques, dans lesquels prédominent les éléments calcaires et un ciment très argileux, plus ou moins rouge.

« Ce qu'il y a de très remarquable dans ce petit bassin lacustre, c'est une couche bitumineuse qui a été rencontrée s'inclinant au Nord vers le puits n° 7 et au Sud vers le puits n° 4, et qui est caractérisée par une grande quantité d'ossements de sauriens et par des coquilles terrestres fluviatiles.

« Mêlées aux ossements de sauriens se trouvent des dents de crocodile, appartenant à une espèce qui paraît nouvelle. Les coquilles appartiennent aux genres Cyclostoma, Physa, Melania et Unio... Quelques-unes d'entr'elles se retrouvent dans les environs de Rognac...

« En sortant de ces roches ou argiles d'origine lacustre ou fluvio-lacustre, le souterrain entre tout à coup, après un plan vertical de glissement, dans les marnes aptiennes inférieures, qui ont offert à l'observation quelques fossiles remarquables, tels que le *Nautilus neocomiensis* et l'*Ancyloceras matheronianus*. »

en quelque sorte le bord du massif jurassique et permettent ainsi d'étudier sur une plus grande largeur la nature des contacts.

Nous avons vu que la nappe renversée dans sa partie médiane comprenait : une bande de Crétacé supérieur, une bande d'Aptien, une première bande de Jurassique surmonté de Trias, puis une seconde bande de Jurassique arrêtée au Sud par une faille. Avant les Putis, la première bande de Jurassique disparaît par étirement entre l'Aptien et le Trias ; après les Putis, le Trias disparaît par dénudation, et il ne reste plus, au Sud du Crétacé supérieur, qu'une bande d'Aptien et une bande de Jurassique supérieur accompagné de Néocomien. La distinction de ces bandes n'a d'ailleurs rien d'arbitraire ; elles forment des unités nettement délimitées par des surfaces de glissement secondaires, qui ont été plissées avec les couches ; elle s'élargissent ou s'amincissent, se complètent ou disparaissent, indépendamment les unes des autres.

Après Mimet et St-Savournin, la faille du Safre, qui limite au Nord la nappe renversée, se réunit à un autre faille plus septentrionale, la faille de la Diote [1], et se rapproche de plus en plus du massif de l'Étoile ; en même temps l'Aptien, toujours plissé, se réduit à une surface de plus en plus étroite, et entre cet Aptien et le Bathonien qui forme là la base du massif de l'Etoile (fig. 15), il n'y

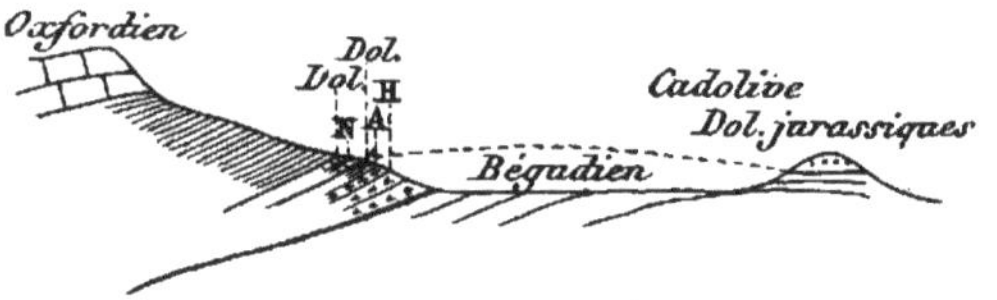

Fig. 15. — Coupe à Cadolive.
H, calc. à Hippurites. — A, Aptien. — N, Néocomien. — Dol., dolomies.

a plus qu'un mince liseré de dolomies. Ces dolomies s'avançaient plus au Nord, car elles forment le chapeau de deux petites collines crétacés (bégudiennes) auprès de Cadolive ; l'Aptien au contraire est là très voisin de sa limite septentrionale ; il ne s'étendait pas au Nord jusqu'à ces mêmes collines, où autrement il devrait exister entre le Jurassique et le Bégudien.

Un peu après Cadolive, une première faille transversale rejette la limite jurassique d'environ 500 mètres vers le Nord. Cette faille a été reconnue par les travaux d'exploitation, où elle porte le nom de *faille de 80 mètres;* ce n'est pas, comme on aurait pu le croire, une faille de décrochement, c'est une simple faille d'affaissement, dont la dénivellation verticale, ainsi que son nom l'indique, est de 80 mètres. Cette faible dénivellation suffit pour produire un rejet horizontal de 500 mètres ; la pente moyenne de la surface de contact entre le Crétacé et et le Jurassique est donc au plus de 1/6.

A l'Est de la faille, on trouve encore un peu de Crétacé supérieur renversé ; on ne trouve plus rien de la bande aptienne, ni de la bande dolomitique ; elles sont

[1] *Loc. cit.*, pp. 13-18.

tout entières sous la partie non dénudée du massif et se coincent avant d'arriver au jour. D'ailleurs, elles ne s'avancent pas non plus profondément au Sud; car la galerie de recherches, dont il a déjà été question, à un niveau voisin du niveau de la mer, est sortie directement du Crétacé supérieur dans le Trias, (fig. 16) sans interposition d'aucun terrain intermédiaire. La nappe renversée se coinçait

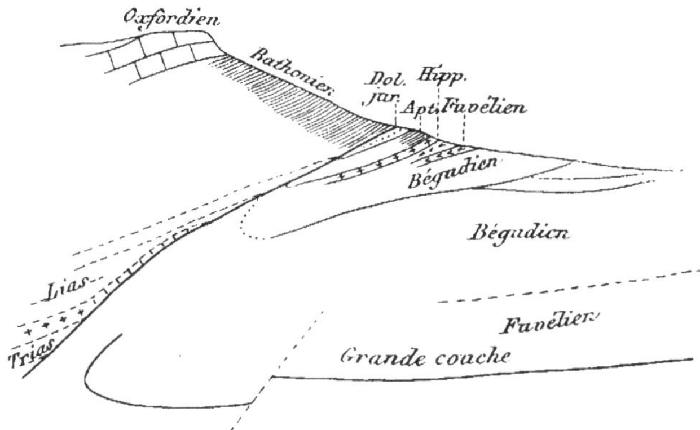

Fig. 16. — Coupe par la galerie de Valdonne.

donc au Sud comme au Nord, et formait là *sous le massif de l'Étoile* une bande d'un kilomètre seulement de largeur. Elle ne reparaît pas d'ailleurs au jour jusqu'au Terme, sauf peut-être un petit lambeau de dolomies rencontré près de la surface dans la galerie de traînage dont M. Collot à donné la coupe [1]. La petite bordure de Crétacé supérieur renversé, disparaît elle-même dans cette partie.

Avant le Terme, une seconde faille transversale, de moindre amplitude, a encore rejeté la falaise jurassique vers le Nord. Enfin, au Terme même, c'est-à-dire au petit col où passe la route nationale, une troisième faille accentuée la rejette encore de 400 mètres dans le même sens. Cette faille (faille Doria) est également reconnue par les travaux souterrains, et on lui attribue 300 mètres de dénivellation verticale; la pente de la surface de contact est donc là un peu inférieure à 45 degrés. Les terrains renversés, comme on doit s'y attendre, continuent à faire défaut le long de la bordure à l'Est de la faille.

La faille Doria n'est donc pas, comme je l'avais cru autrefois [2], une faille de décrochement; elle ne décroche le bord du massif jurassique que par ce que la base de ce massif est limitée par une surface inclinée sur l'horizon. Il n'est pas exact non plus, comme je l'avais cru, qu'on ne puisse la suivre au Sud du Terme, ou du moins qu'elle passe sans laisser de trace au milieu des dolomies infraliasiques; elle met ces dolomies en contact successivement avec le Lias et

[1] *Bull. Soc. géol.*, 3e sér., t. XIX, p. 1140. J'ai proposé une interprétation un peu différente (*Ann. des mines, loc. cit.*, p. 41).

[2] Le massif d'Allauch, *Bull. services de la carte géol.*, t. III, n° 24, p. 27.

avec les couches à *Avicula contorta*, mais vers le Sud, la dénivellation diminue rapidement d'amplitude et change même de sens. Le fait serait difficilement compatible avec l'importance de la faille, s'il n'y avait là en réalité deux failles distinctes, dont les effets s'ajoutent auprès du Terme, mais qui plus loin se séparent en reprenant leur individualité. Je crois que la faille principale dessine en affleurement une courbe assez prononcée et s'infléchit au Sud-Est le long de la bordure orientale du massif d'Allauch. En tout cas, il suffit pour le moment d'avoir montré que la nappe renversée *disparaît en s'engageant sous le massif de l'Étoile*, et que, nécessairement elle se continue plus ou moins loin sous ce massif dans la direction du Sud-Est. Nous allons voir maintenant que, précisément dans cette direction, elle reparaît avec tous ses caractères, à une distance de moins de deux kilomètres.

Pourtour du massif d'Allauch.

Traits généraux de la structure du massif. — J'ai longuement décrit autrefois le massif d'Allauch, et au point de vue d'une description des faits, je n'aurai que peu de chose à ajouter à ce que j'en ai dit. Mais, au point de vue de l'interprétation, la liaison, déjà prévue [1], de l'Aptien de Pichauris avec celui de la bande de Simiane, permet de préciser la signification d'une des bandes périphériques; cette signification est confirmée par une coupe importante (v. la coupe de la Treille, pl. II), qui avait passé inaperçue et actuellement je crois qu'il ne peut plus rester aucun doute sur la réalité de la première hypothèse que j'avais proposée [2], sur le fait que le massif d'Allauch est une saillie du substratum perçant au milieu d'une nappe de recouvrement.

Je rappelle d'abord les traits essentiels de la structure : un grand triangle de terrains crétacés à peu près horizontaux, où domine le Néocomien inférieur (Valanginien) se trouve isolé au Nord-Ouest et à l'Est par deux grandes failles d'apparence verticale ; au Sud il est limité par un retroussement des couches, englobant un synclinal couché de Crétacé supérieur. Cet ensemble forme un grand plateau rocheux et élevé, nettement séparé de tout ce qui l'entoure.

Autour de ce plateau, on suit à peu près sans discontinuité [3] une bande de Trias (ou de Rhétien), qui s'épanouit assez largement auprès de Pichauris, mais qui partout ailleurs se réduit à un mince liseré, quelquefois de quelques mètres à peine, prenant des allures de filon au milieu des couches les plus diverses et rappelant tout à fait les caractères de l'extrémité Ouest du Trias de Saint-Germain. Le Trias est partout incliné comme pour passer au-dessus du massif cen-

[1] *Id.*, p. 45. Fournier, *Bull. Soc. géol.*, 3e sér., t. XXIII, p. 523, et t. XXV, p. 36.

[2] C. R. Ac. des sciences, 26 oct. 1888. C'est la deuxième hypothèse de la note sur le massif d'Allauch (*Bull. des services*, n° 24).

[3] Une des interruptions les plus importantes, qui figurait sur ma carte de 1891, a été comblée par une observation de M. Bresson, qui m'a indiqué l'existence d'un nouvel affleurement triasique au-dessus du ravin des Maurins. Il ne reste donc plus d'interruption que sur 1.500 mètres à peine de longueur, en face des Mies, le long de la faille occidentale.

tral. De plus, entre le Trias et ce massif, s'interpose de place en place une bande de terrains renversés, qui présente une nouvelle singularité : les terrains qui la composent n'ont, ni le même faciès, ni le même développement que ceux du massif : ainsi le Néocomien est exceptionnellement développé d'un côté et l'est beaucoup moins de l'autre ; l'Aptien fait défaut dans le massif et est épais dans la bande renversée. Les différences de faciès sont aussi très sensibles entre cette bande et les terrains extérieurs à la ceinture triasique.

Ce que je me propose d'établir ici, c'est que la bande renversée n'est pas le flanc inférieur d'un pli couché qui aurait sa racine dans la bande triasique, que c'est la continuation de la nappe de Simiane, et que, comme cette dernière, elle a été, après sa formation, affectée de plis importants.

Région de Pichauris. — La région de Pichauris, au Nord du massif d'Allauch, est caractérisée par un grand développement du Trias et du Rhétien (couches à *Avicula contorta*), auxquels se juxtapose brusquement de l'Aptien, sous forme de puissantes masses de calcaires à silex. Le contour de l'Aptien dessine une pointe arrondie vers le Nord-Ouest ; tout le long de cette pointe, l'Aptien plonge sous des couches plus anciennes, d'abord au Nord sous un peu d'Aptien inférieur, puis à l'Ouest sous une série jurassique amincie et renversée [1], qui elle-même s'enfonce sous le Trias. Sous la colline 625, le plongement est même très faible, et les couches du Trias superposé sont presque horizontales. A l'Est, le Trias est bientôt supprimé par une faille, qui met directement l'Aptien en contact avec le Lias et le Bajocien en série normale. Au Sud, l'Aptien repose sur le Sénonien du massif d'Allauch [2]. On peut s'étonner il est vrai en ce point du développement considérable de l'Aptien, qui ne semble pas d'abord pouvoir appartenir à la même série renversée que les terrains jurassiques voisins, réduits et étirés. L'étude de la nappe de Simiane, en la montrant composée de plusieurs nappes secondaires, qui se gonflent, s'étirent ou se coincent d'une manière indépendante, supprime cette objection apparente ; d'ailleurs, si l'on voulait admettre une faille, il faudrait en tout cas, la supposer à peu près horizontale ; la superposition de l'Aptien sur le Sénonien est manifeste et se voit en plusieurs points.

L'Aptien est donc renversé, comme la série qui le surmonte. Il ne correspond pas à un synclinal enfoncé, hypothèse que j'avais cru devoir examiner et discuter, mais *à un bombement d'une nappe renversée*. Cette nappe s'enfonce au Nord-Ouest sous le Jurassique, juste en face du point où nous avons vu la nappe de Simiane *s'enfoncer sous le même Jurassique* : les deux nappes sont d'ailleurs formées des mêmes terrains et caractérisées par le même développement de l'Aptien à silex, qui dans toute la région n'est pas connu autre part et ne se retrouverait que bien loin au Sud-Ouest, au Sud du bassin du Beausset. La correspondance et la jonction souterraine des deux nappes renversées ne peut donc faire l'objet d'aucun doute, et même le trajet souterrain peut se suivre un certain temps à la

[1] Le massif d'Allauch, p. 20, fig. 15.
[2] *Id.*, p. 19, fig. 14.

surface par la continuation du bombement qui a fait apparaître l'Aptien et qui se répercute naturellement dans les terrains superposés. J'ai pu constater en effet qu'une bande de Rhétien, comprise entre deux dolomies infraliasiques, se continue jusqu'à la faille du Terme, et juste en face, de l'autre côté de la faille, se trouve le bombement rencontré par la galerie du Terme et figuré par M. Collot [1]. C'est, soit dit en passant, une nouvelle preuve que la faille du Terme n'est pas une faille de décrochement.

Ainsi la nappe de Simiane, après avoir passé *en tunnel* sous une pointe du massif de l'Étoile, remonte au jour et affleure de nouveau au Nord du massif d'Allauch. En s'approchant du massif, elle s'élève de plus en plus, ainsi que le Sénonien sur lequel elle repose, et disparaît alors *par dénudation*, après avoir été suivie sur un trajet de plus de trente kilomètres. Cette disparition n'est que momentanée ; nous allons voir la même nappe reparaître plus au Sud, avec les mêmes caractères, avec le même développement des mêmes couches aptiennes. Mais auparavant il convient de montrer que, dans le voisinage plus immédiat de Pichauris, la partie supérieure de cette nappe se montre encore, au centre d'une boutonnière, entre le massif de l'Étoile et celui d'Allauch, le long de la prolongation méridionale de la faille du Terme.

Réapparition de la nappe renversée près de l'auberge de Pichauris. — J'ai exposé autrefois [2], qu'à l'Ouest de la colline 625, de l'autre côté des affleurements de Trias sous lesquels s'enfonce l'Aptien précédemment décrit, on retrouve encore le Jurassique renversé, plongeant en sens inverse sous le même Trias. La coupe est bien exposée le long du chemin de Pichauris à l'auberge. J'ai indiqué alors, mais sans m'y arrêter (p. 45, fig. 26), la possibilité de concevoir que les deux Jurassiques (v. la coupe, fig. 18) se rejoignent sous le Trias ; j'étais arrêté par l'hypothèse, qui me semblait alors trop hardie, d'admettre un pli couché dans une nappe renversée.

Une nouvelle étude m'a montré qu'en tout cas le Bathonien, qui affleure sur le chemin entre deux bandes de Lias, n'est pas dans un synclinal. Si l'on cherche sa continuation au-dessus de la route, on la voit se coincer bientôt entre le Lias et l'Infralias, qui se rejoignent *au-dessus de lui*, et le contact de ces deux terrains, est marqué par une ligne de discontinuité assez nette, qui va rejoindre le Rhétien du pied des coteaux triasiques, à 400 mètres environ au-dessus de la ferme. Au pied de ces coteaux cultivés affleure le Lias à *Gryphæa Cymbium*, et le coteau boisé qui s'élève à l'Ouest montre à la base le Rhétien et au sommet les dolomies infraliasiques. On peut donc supposer qu'il y a là une faille séparant une série renversée d'une série normale ; mais s'il n'y a pas de faille, et en effet je n'ai pu en trouver la trace sur le chemin, l'apparition du Bathonien ne pourrait être due qu'à *un anticlinal de la nappe renversée*.

Cette explication est confirmée par la coupe, qui, sur la rive gauche du même

[1] *Bull. Soc. géol.*, 3e sér., t. XIX, p. 1140.
[2] Le massif d'Allauch, p. 21, fig. 16 et 17 ; p. 45, fig. 26.

vallon de Pichauris, fait face à la précédente (fig. 17) : le bas du talus est formé par le Lias, qui dessine une petite voûte, au-dessus de laquelle s'étale l'Infra-

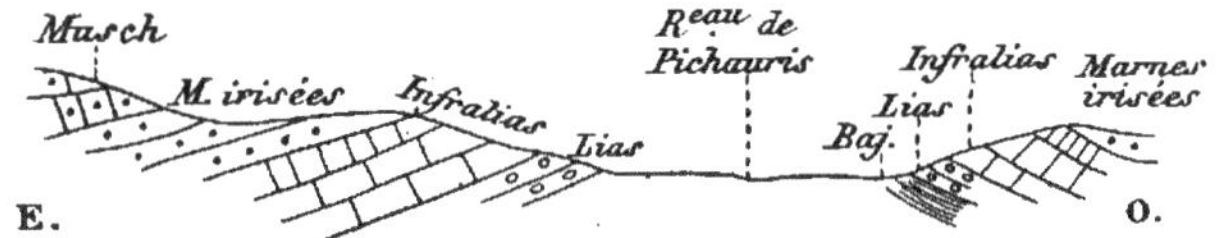

Fig. 17. — Coupe normale au ruisseau de Pichauris, au-dessous de la ferme.

lias, et l'ensemble de ces terrains supporte une plate-forme de champs cultivés, constituée par les marnes irisées, qui, avec leur teinte rouge caractéristique, s'enfoncent au Sud sous le Muschalkalk.

Si maintenant on suit le bord du Trias du côté de la Verrerie, on rencontre plusieurs ravins, qui ne pénètrent pas dans le Trias à peu près horizontal, mais qui prennent naissance à sa limite méridionale, s'enfonçant rapidement au-dessous du niveau du Trias et montrant ainsi son substratum. Ce substratum, particulièrement bien visible dans le ravin le plus occidental, se présente partout de la même manière (fig. 18) ; il est formé de couches jurassiques à peu près horizontales, renversées et d'épaisseur très réduite.

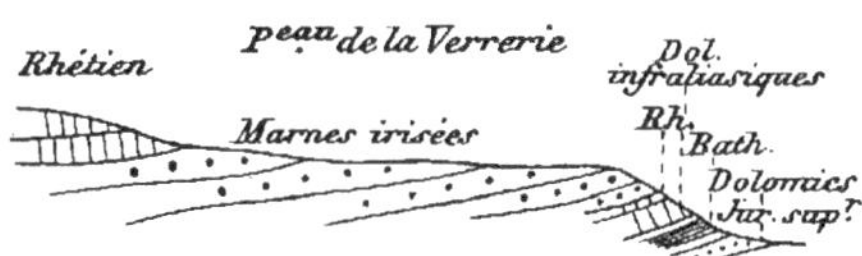

Fig. 18. — Coupe du haut du ravin de la Verrerie.

Tous ces affleurements de terrains renversés sont limités à l'Est par une faille, qui est dans la continuation de la faille du Terme, et à l'Est de laquelle on ne rencontre plus qu'une série normale. Cette faille, déjà tracée sur mon ancienne carte, a seulement ici, comme je l'ai dit plus haut, une dénivellation de sens

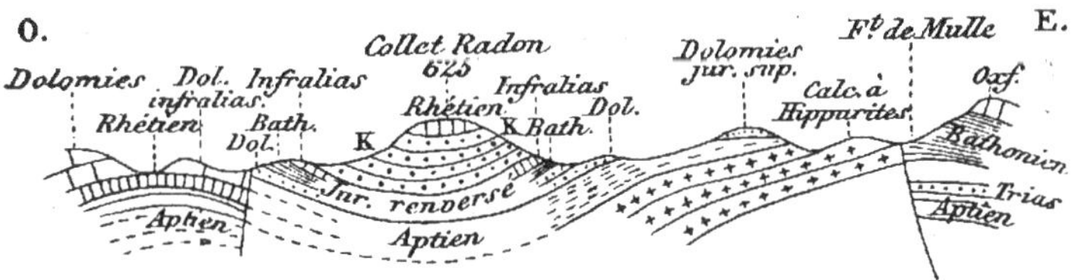

Fig. 19[1]. — Coupe Est-Ouest par Collet Redon.

contraire à celle qu'elle présente au Terme ; cette circonstance s'explique en partie par le fait d'une légère voûte qui prend naissance à l'Ouest de la faille,

[1] Lire sur cette coupe : Collet Redon, au lieu de Collet Radon.

la suit parallèlement, et abaisse ainsi les terrains en contact avec le lèvre occidentale (fig. 19).

Ainsi partout le Trias de Pichauris repose sur un socle de terrains renversés, qui accompagne ses contours, quelle que soit leur sinuosité. A l'Est ces terrains appartiennent à la nappe de Simiane, *qui s'étend sur trente kilomètres*. Il n'est guère probable *a priori* qu'à un kilomètre plus à l'Ouest, on trouve, à côté de la grande nappe, une petite nappe toute semblable et due à une origine différente, d'autant plus que cette hypothèse forcerait d'admettre l'existence d'un pli couché local, ayant pour ligne directrice une courbe sinueuse en forme de V couché (>). Dans ces conditions, je n'ai aucune hésitation à conclure à la réapparition de la nappe ; mais de plus, en relisant une des dernières notes de M. Fournier [1], j'y trouve la preuve matérielle qui pouvait encore sembler faire défaut. « M. A. Bresson, dit M. Fournier, vient de me signaler la découverte très intéressante qu'il a faite de couches jurassiques (calcaires blancs) et crétacées très réduites, interposées entre le Trias et le massif central dans toute la région comprise entre le ravin des Maurins et Pichauris. » Cela veut dire, si l'on regarde la carte, que la nappe renversée de l'Est du massif de Trias, se continue, le long de la base du massif, jusqu'au côté Ouest, le long duquel des terrains renversés plongent aussi sous le Trias (v. la fig. 20) ; les deux nappes

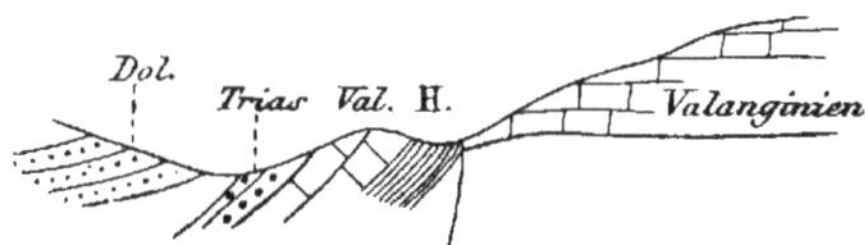

Fig. 20. — Bord du massif d'Allauch, au-dessus du ravin des Maurins.

n'en forment donc qu'une seule ; quelque conclusion qu'on veuille en tirer, c'est encore la nappe de Simiane qui vient affleurer entre Pichauris et l'auberge.

Bord Sud du massif d'Allauch.

Région intermédiaire. Col de Lascours. — C'est encore la même nappe, comme je l'ai déjà annoncé, qui reparaît au Sud du massif. Des Mics jusqu'au pied du Garlaban, la faille orientale met en contact le Trias avec les calcaires valanginiens du massif central. Mais à l'Ouest de la faille, près du col de Lascours, j'ai trouvé des témoins d'Infralias restés sur le Valanginien du massif et en remplissant les anfractuosités. Au col même, j'ai cru voir un bloc triasique pincé dans les marnes néocomiennes plissées. En tout cas, la première observation, qui est certaine, montre, malgré la faille, que le Trias continue dans cette partie à se

[1] *Bull. Soc. géol.*, 3ᵉ sér., t. XXV, p. 37. Je n'ai pas hésité à me servir de l'observation ici mentionnée, quoique je ne l'aie pas contrôlée par moi-même ; j'ai toujours eu l'occasion, en effet, de constater l'exactitude et la précision des observations de M. Bresson. D'ailleurs le fait indiqué concorde bien avec la coupe que j'ai relevée un peu au-dessus du ravin des Maurins, et qui est donnée dans le texte (fig. 20).

renverser, comme de tous les autres côtés, sur le massif qu'il entoure. Elle montre aussi que la nappe aptienne peut avoir existé à gauche ou à droite de la ligne de faille, mais qu'elle n'existait pas là à l'aplomb de cette ligne; autrement, en effet, elle se trouverait entre le Valanginien et l'Infralias superposé.

La nappe renversée reparaît au pied du Garlaban. — Au pied du Garlaban, les couches du massif commencent à s'incliner vers le Trias. Le long du ravin, au Sud de la montagne, on voit bien la coupe, que j'ai donnée autrefois [1], où est seulement omise la présence du Jurassique, justement rétabli par M. Fournier. J'aurai l'occasion de reparler de cette coupe importante (v. fig. 40, p. 61). Il suffit de remarquer ici que le pli du sommet du Garlaban est un pli synclinal couché horizontalement, et ouvert vers le Nord ou le Nord-Ouest; que l'ensemble des couches qui le forment est affecté par un pli transversal, qui fait plonger vers le Trias, à la fois les couches de la base et les couches renversées du sommet. La série renversée que l'on observe en ce point n'a donc, malgré une certaine analogie apparente de position, aucun rapport avec la nappe de Simiane.

Il n'en est plus de même des couches qu'on rencontre un peu plus au Sud, s'interposant entre les dolomies jurassiques et le Trias, c'est-à-dire en un point où, si les dolomies de la coupe précédente et le Trias voisin faisaient partie d'un même pli anticlinal, on ne devrait s'attendre à trouver que les couches jurassiques intermédiaires. Or, c'est l'Aptien qui s'intercale, le même Aptien qu'à Pichauris et qu'à Simiane, cet Aptien, dont, comme je l'ai dit, le faciès spécial est si étroitement limité dans la région. Cette seule circonstance suffirait à faire penser à une réapparition de la bande de Simiane; mais de plus, on peut montrer directement que la nouvelle bande aptienne est placée de la même manière que celle de Pichauris, et qu'elle est comme elle due au plissement d'une nappe renversée [2].

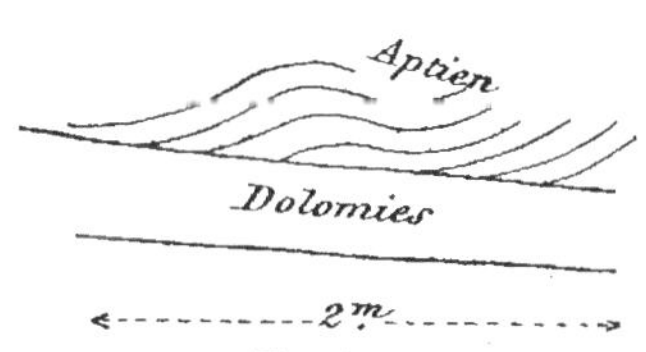

Fig. 21.

La superposition de l'Aptien aux dolomies renversées du Garlaban, se voit

[1] Le massif d'Allauch, p. 11, fig. 7. Fournier, *Bull. Soc. géol.*, t. XXIII, p. 519, fig. 12 et p. 538, fig. 38.

[2] J'avais supposé autrefois que cette bande aptienne était séparée par une faille verticale du massif d'Allauch, et qu'elle représentait une partie localement affaissée de ce massif. Je n'avais pas vu que les terrains de la bande étaient renversés avant d'avoir été plissés, et quant à la faille elle n'existe que localement, ou pour mieux dire, elle existe, mais est généralement parallèle aux bancs. C'est une faille de glissement ou d'étirement, comme l'a bien dit M. Fournier (*loc. cit.*, p. 519).

bien au sud des Gavots, où j'ai observé la coupe de la figure 21. Une superposition semblable se voit bien à l'autre extrémité de la bande, près du col situé au Nord-Est du point 373, au-dessus du ravin des Lyonnaises : l'Aptien inférieur très réduit (fig. 22) repose, en parfaite concordance apparente sur le Valanginien à gros Ptérocères, qui forme le bord du massif d'Allauch, et qui est là vraisemblablement renversé. Ces deux coupes font prévoir que la bande aptienne doit

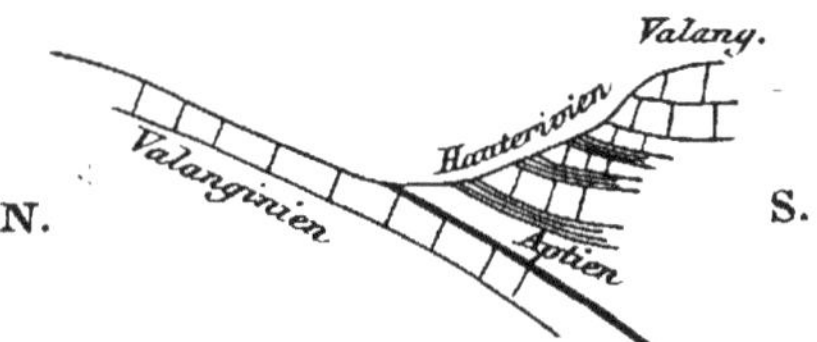

Fig. 22. — Coupe au col des Lyonnaises.

être renversée ; on en trouve la preuve auprès des Camoins. Là, au milieu de l'Aptien, se dresse une haute barre calcaire, qui partage l'inclinaison générale des bancs vers l'Est, et que j'avais supposé pouvoir être cénomanienne [1]. En effet, le vallon qui la coupe en deux permet de constater sans ambiguité qu'il s'agit d'un synclinal pincé dans l'Aptien (fig. 23). Mais, malgré cette position, la

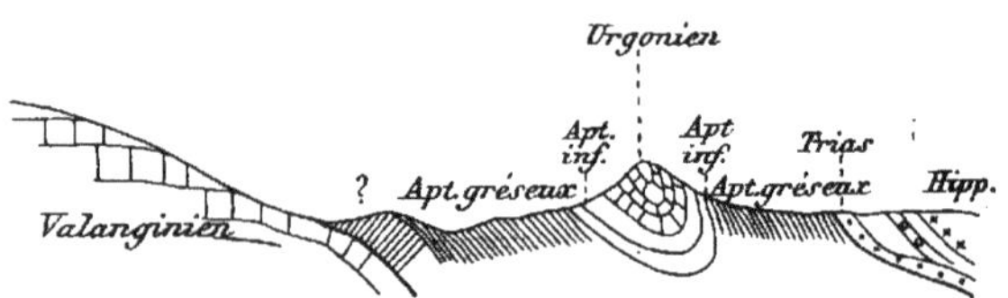

Fig. 23. — Coupe de la colline des Camoins, au S.-E. du Garlaban.

barre n'est pas cénomanienne ; ce sont certainement des calcaires blancs urgoniens, et partout au contact on trouve de l'*Aptien inférieur*.

Il est tout naturel alors de trouver entre l'Aptien et le Trias des couches intermédiaires renversées : du Valanginien et des dolomies près de Font-de-Mai, de l'Infralias sous la plâtrière, du Valanginien en face du Jas de Fontainebleau. La bande aptienne représente bien une nappe renversée, plissée jusqu'au renversement, séparant le massif du Trias périphérique, homologue de celle de Pichauris, et comme elle, inséparable de la nappe de Simiane.

Continuation de la nappe au Sud. Coupe de la Treille au Four. — Ces conclusions sont confirmées d'une manière directe, indépendante de tout ce qui précède, et

[1] Le massif d'Allauch, p. 9, fig. 5. La barre urgonienne est indiquée dans cette coupe, avec un point d'interrogation, comme cénomanienne (c^5?). M. Fournier, en reproduisant cette coupe (*loc. cit.*, p. 518, fig. 6), a maintenu l'attribution au Cénomanien et supprimé le point d'interrogation.

absolument irréfutable, par la coupe du ravin qui, au pied et à l'Est du village de la Treille, monte jusqu'à la ferme du Four. Cette coupe est une des plus importantes de tout le pays ; elle suffirait à elle seule à assurer par continuité toutes les conclusions que j'ai essayé d'établir directement dans ce qui précède.

L'Aptien se termine auprès du col dont j'ai donné la coupe (fig. 20) ; mais tout près du point de disparition, dans la dépression qui descend aux Lyonnaises, on le voit s'avancer assez profondément sous le Néocomien, avec une épaisseur notable; il est donc déjà probable que, s'il se réduit aux affleurements, il doit continuer à l'Ouest sous le Néocomien de la colline 373. Et en effet, le ravin du Four, en tranchant cette colline, en fait apparaître la coupe sur une hauteur de près de 100 mètres (v. la coupe, pl. II) : au sommet les gros bancs du Valanginien dessinent une large voûte, complète et ininterrompue ; sous ces gros bancs alternent des couches de marnes et de calcaires, qui dessinent une voûte parallèle, et à la base desquels j'ai trouvé *Exogyra Couloni* ; enfin, au centre de la voûte se montre l'Aptien, bien reconnaissable, avec oursins, *Terebratula sella* et *Exogyra aquila* typique. La coupe est d'une netteté admirable, sans aucune ambiguité possible dans l'interprétation, et absolument photographiable.

Si l'on monte au sommet de la voûte, on trouve l'Infralias et le Trias reposant directement sur le Valanginien, et s'inclinant comme lui, avec une faible pente, vers le Sud, du côté de la Treille.

En descendant le ravin, on traverse une gorge creusée dans le Valanginien faiblement ondulé ; puis ce Valanginien plonge sous une dépression remplie d'Infralias (couches à *Avicula contorta*); les bancs de cet Infralias sont plissotés et laissent voir une voûte au milieu de la dépression. Mais de l'autre côté, on voit le Valanginien reparaître verticalement ; une nouvelle ondulation fait encore apparaître un peu de Trias, sinon dans le fond du ravin, au moins quelques mètres au-dessus, et en prenant alors sur la rive droite le chemin qui monte à la Treille, on voit à la base l'Hauterivien surmonté par un peu de Valanginien, puis par les calcaires blancs et dolomies jurassiques. Le tout bute contre une faille, qui ramène l'Urgonien à Requiénies sous les maisons du village.

Il est inutile d'insister sur l'importance capitale de cette coupe. Non seulement elle met en évidence, d'une manière irréfutable, l'existence de la nappe renversée. Elle en fait en quelque sorte toucher du doigt la structure et les ondulations sur une largeur de deux kilomètres ; mais de plus elle montre que la bande étroite d'Infralias et de Trias qui simule, tout autour du massif d'Allauch, un anticlinal écrasé, repose ici sur la nappe renversée et *en fait partie*. C'est un faux anticlinal, *c'est un synclinal de la nappe renversée*.

La coupe parallèle le long du ravin de Martelleine a été donnée par M. Fournier [1], qui y signale deux nappes d'Infralias se rejoignant au-dessus du Néocomien ; ce serait, s'il en était besoin encore, une nouvelle confirmation. Je n'ai pas su retrouver là la coupe signalée par M. Fournier ; mais ce que j'ai observé a une signification analogue : la colline au sommet de laquelle est la

[1] *Loc. cit.*, p. 516, fig. 6. Cette coupe est en tout cas très schématisée.

petite chapelle de Martelleine, est formée de Valanginien et porte un chapeau d'Infralias (fig. 24).

La petite région où j'ai prolongé la coupe du Four, entre les Bellons et la

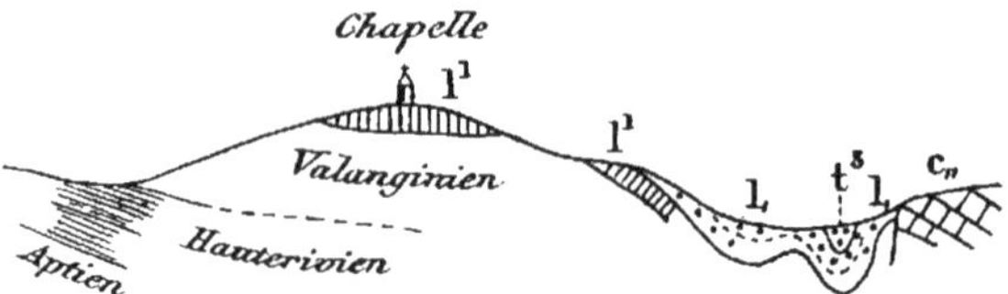

Fig. 24. — Coupe par la chapelle de Martelleine.
l_{II}, Urgonien. — l^1, dolomies infraliasiques. — l_I, Rhétien. — t^3, marnes irrisées.

Poudranne, est d'une extrême complication ; on y trouve juxtaposés le Trias, les Hippurites et des lambeaux de Jurassique. Les complications s'expliquent très facilement par ce qui précède, et permettent de constater que la nappe renversée repose en discordance sur le pli couché du Sud du massif d'Allauch, tantôt sur le Néocomien replié au-dessus des Hippurites, tantôt (en un point seulement) sur les Hippurites. Au Nord, cette nappe renversée ne comprend plus que de l'Infralias et du Trias, qui plonge à la plâtrière des Bellons, sous un petit synclinal

Fig. 25. — Coupe par la plâtrière des Bellons.
c_V, Valanginien. — j^6, calc. blancs. — j^5, dolomies.

de Jurassique supérieur et de Néocomien (fig. 25); puis le Néocomien renversé s'introduit entre le Trias et les couches du massif, qui montrent dans le ravin de la Poudranne le Valanginien superposé à l'Hauterivien (pointe Sud du synclinal couché d'Allauch). Sur la rive gauche du ravin, à l'Ouest du point 373, on retrouve (fig. 26) au-dessus de la nappe renversée un placage d'Infralias surmontant du Jurassique très froissé ; et enfin, au Four s'introduit l'Aptien au-

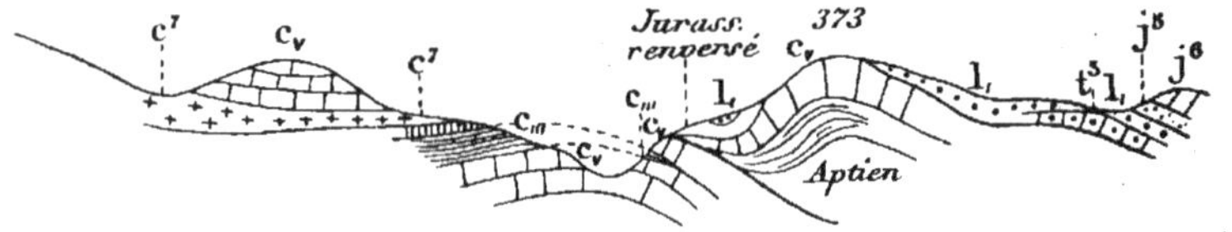

Fig. 26. — Coupe par la colline 373, à l'Est du Four et des Bellons.
c^7, calc. à Hippurites. — c_{III}, Hauterivien. — c_V, Valanginien. — j^6, calcaires blancs. — j^5, dolomies. — l_I, Infralias. — t^3, marnes irisées.

dessous du Néocomien. La coupe de la planche II, et celle de la fig. 26, prise un peu plus à l'Est, également du Nord au Sud, entre le Four et la Poudranne, permettent de se rendre compte de ces complications. Il est bon de retenir dès maintenant le fait important que, dans la série normale superposée à la nappe renversée, le Jurassique supérieur repose directement sur le Trias [1].

On voit aussi que la coupe du Four montre deux bandes de Trias (une coupe parallèle pourrait même en montrer trois), toutes deux superposées à la nappe renversée. Comme la bande Nord s'arrête à l'Est, et que la bande Sud ne se prolonge à l'Ouest que par un massif d'apparence un peu différente, j'avais supposé autrefois que les deux bandes n'en faisaient qu'une seule, rejetée par une faille de décrochement. Cette faille n'existe pas; on voit bien une petite faille d'affaissement au Nord du ravin, près de la Poudranne, mais son rôle est insignifiant. La bande Nord de Trias s'arrête à l'Est, non pas par faille, mais par dénudation; quant à la bande Sud, elle se poursuit bien incontestablement dans le massif de la Salette.

Massif de la Salette ou de St-Julien. Aptien des Romans. — Ce massif est celui que M. Bresson a décrit récemment, dans une note très intéressante, sous le nom de massif de St-Julien [2]. Quand j'avais essayé d'y voir une unité distincte de la bande infraliasique de Martelleine, je me fondais sur la présence entre les deux d'un étroit affleurement d'Oligocène discordant, qui aurait permis de faire passer une faille entre les deux. Je dois dire que sur sa première minute, M. Depéret n'avait pas figuré ce détroit d'Oligocène entre les bassins des Camoins et de Fontvieille, et qu'il l'a introduit sur ma demande, pour ne pas mettre la carte en contradiction avec l'hypothèse d'une faille transversale. Il y a en effet assez de débris de Tertiaire répandus sur le sol pour admettre qu'il affleure réellement. Mais une étude plus attentive m'a montré qu'en dépit de cette couverture intermittente, on voit assez d'Infralias en place pour en affirmer la continuité. L'Infralias monte, avec la même composition et la même allure, jusqu'aux maisons de Barbaraud, et là il se bifurque autour du massif de dolomies que couvrent les bois de la Salette. Au Nord un étroit liseré, avec morceaux de marnes rouges triasiques, est visible par intermittences, sous les cultures et les terrains tertiaires; au Sud, on suit une bande continue qui, comme le montrent les coupes de M. Bresson, plonge sous le Trias des Acates.

La conclusion est immédiate et paraît inévitable : *le massif de St-Julien est, lui aussi, superposé à des couches plus récentes*. L'importante découverte des couches aptiennes, que M. Bresson a signalées au milieu même du massif, permet, je crois, d'en faire directement la preuve.

Cet Aptien apparaît au hameau des Romans, à l'Ouest des maisons (fig. 27)[3].

[1] Je crois utile de remarquer à ce sujet que cette superposition (fig. 25) a lieu près de la plâtrière des Bellons, que le gypse est exploité assez loin sous les dolomies, et que, par conséquent, il ne peut être question d'une faille verticale. Les dolomies jurassiques ne peuvent pas être rapportées à l'Infralias dont elles n'ont d'ailleurs pas l'aspect, car elles sont surmontées de calcaires blancs et de Néocomien.

[2] *Bull. Soc. géol.*, 3e sér., t. XXVI, p. 340.

[3] Je reproduis la coupe donnée par M. Bresson, pour appeler l'attention sur le contournement du dernier banc aptien, qui pourrait indiquer l'amorce d'un anticlinal.

Il se suit vers l'Ouest, au bas du vallon jusqu'au mur d'un grand parc, qui arrête les observations. Mais de l'autre côté de ce parc, sur le chemin de crête, à l'Ouest du point 236, on trouve des calcaires blancs délitables, dont je n'avais pu reconnaître l'âge et où M. Bresson m'a écrit avoir recueilli une Plicatule; c'est très probablement de l'Aptien inférieur. De l'autre côté, à l'Est, on suit encore l'Aptien sur les deux versants du petit col qui passe auprès de

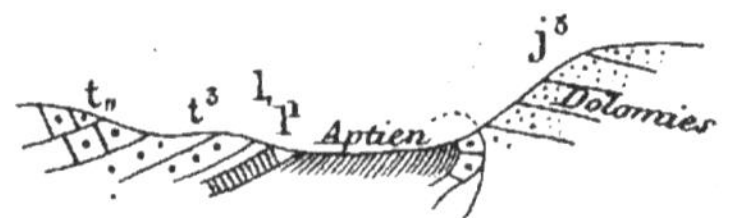

Fig. 27. — Coupe de l'Aptien des Romans.
lI, dolomies infraliasiques. — lP, Rhétien. — t3, Keuper. — tII, Muschelkalk.

l'église ; il est toujours comme écrasé au pied des dolomies qui le bordent au Nord, et s'enfonce avec une faible inclinaison sous une série réduite et renversée (dolomies, Infralias, marnes irisées) que surmonte presque horizontalement le Musclkalk; plus loin, les affleurements aptiens disparaissent, mais on peut suivre une falaise semblable formée par les dolomies au-dessus de l'Infralias, tout autour de la Bastide construite sur le plateau infraliasique, en face à peu près des ruines de la route; et après la bastide, sur le chemin de voiture qui descend à la route, on retrouve l'Aptien, dans la même situation qu'aux Romans, au pied des dolomies et plongeant sous la même série renversée. L'Aptien cesse un peu avant d'atteindre la route, et sur la route, comme l'indique bien la coupe n° 1 de M. Bresson, on ne voit que des dolomies peu inclinées sans dérangement ni discontinuité apparente. En fait, la limite des dolomies retourne vers l'Ouest, isole un étroit promontoire en face de l'église de la Salette, et emprisonne ainsi l'Infralias en un sorte de golfe, bordé localement par l'Aptien. Il m'est impossible de comprendre cette disposition, si l'Aptien ne forme pas *un anticlinal* dans les terrains environnants.

L'âge des dolomies de ce petit massif n'a jusqu'ici jamais prêté à discussion. Elles sont au Nord superposées aux couches à *Avicula contorta*, et cette circonstance m'a déterminé autrefois à les attribuer sur la carte à l'Infralias (niveau dolomitique supérieur). Depuis, tous ceux qui s'en sont occupés ont partagé cette opinion ; c'est seulement l'an dernier (alors que je ne connaissais pas encore les affleurements aptiens), dans une course faite avec M. Repelin, que des doutes nous sont venus : la texture de ces dolomies nous a semblé être plutôt celle des dolomies du Jurassique supérieur. Le voisinage de l'Aptien ne peut-être qu'un argument de plus dans ce sens. En tout cas, ces dolomies font partie d'une nappe renversée : elles forment en deux points des plis bien visibles *au dessous* des couches à *Avicula contorta*; c'est d'abord au promontoire précédemment cité, dont la coupe est bien exposée dans le ravin des Acates; les dolomies forment un bombement des plus nets, plongeant au Nord et au Sud, avec une faible inclinaison, sous le Rhétien (v. fig. 29) ; c'est ensuite sur le chemin de crête qui part de l'église ; à une centaine de mètres au Nord, ce chemin traverse une petite dépression remplie par les couches à *Avicula contorta*, sous lesquelles les dolo-

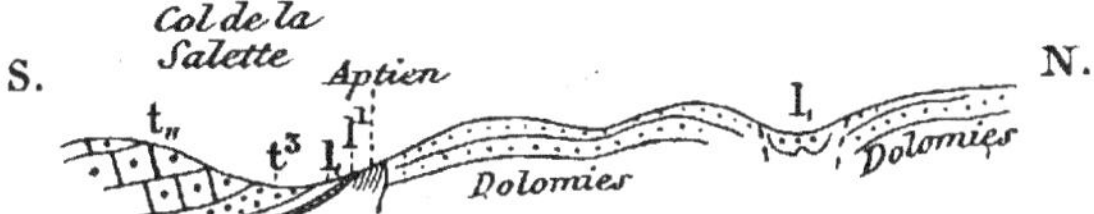

Fig. 28. — Coupe par le col de la Salette (massif de St-Julien).
l^{I}, dolomies infraliasiques. — l_{I}, Rhétien. — t^{3}, Keuper. — t_{II}, Muschelkalk.

mies plongent des deux côtés (fig. 28), Les dolomies sont donc sous le Rhétien, et comme M. Bresson a trouvé près du point 236 des calcaires à silex du Lias reposant sur ces dolomies [1], elles ne peuvent être, à cause du renversement général, qu'antérieures au Lias ; ce sont donc bien, au moins pour la plus grande partie, des dolomies du Jurassique supérieur. Ces dolomies sont une réapparition de la nappe renversée, et elles forment, avec l'Aptien sous jacent, un double pli anticlinal renversé vers le Nord (fig. 29) [2].

On peut encore donner à l'appui de cette solution, deux autres arguments :

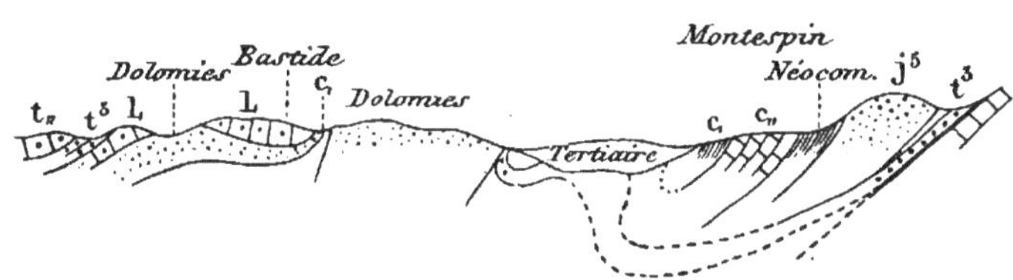

Fig. 29. — Coupe par Montespin et le massif de St-Julien.
c_{I}, Aptien. — c_{II}, Urgonien. — j^{5}, dolomies (Jurassique supér.). — l_{I}, Rhétien. — t^{3} Keuper. — t_{II} Muschelkalk.

le premier, c'est que l'Aptien a là le faciès spécial, propre à la nappe renversée. Le second est tiré de la faille qui accompagne le pli méridional, et qui place partout l'Aptien au pied d'une petite falaise dolomitique. M. Bresson dit qu'on suit cette faille jusqu'au col de Botte [3] ; là la surface de faille même est bien visible ; le Muschelkalk est au Sud et les marnes irisées sont au Nord ; c'est donc

[1] Renseignement fourni par M. Bresson. D'après une nouvelle communication qu'a bien voulu me faire M. Bresson, il y a, à côté de ces calcaires noirâtres, à silex et à Bélemnites, des calcaires blancs à Heterodiceras, appartenant certainement au Jurassique supérieur, et entraînant le même âge pour les dolomies voisines.

[2] La coupe d'ensemble que je donne du massif n'est qu'une coupe schématique qui aura besoin d'être précisée par de nouvelles études. La coupe est prise un peu à l'Ouest de celle de M. Bresson (*loc. cit.*, fig. 1).

[3] *Bull. Soc. géol.*, 3e sér., t. XXVI, pp. 343 et 344. Je dois ajouter que je n'ai pas vérifié la continuité de la faille, et que je n'attache pas une grande valeur à ce dernier argument.

la lèvre septentrionale qui est abaissée : la faille amène l'Aptien en profondeur *sous les dolomies*.

On pourrait faire une objection, tirée de l'inégalité un peu choquante dans l'épaisseur des dolomies des deux côtés de l'Aptien, d'autant plus que celles du Sud sont très probablement des dolomies infraliasiques. Mais il faut se souvenir qu'on est là dans la nappe renversée, où les brusques variations d'épaisseur sont presque la règle, comme nous l'avons vu dans les coupes de Simiane ; on peut même remarquer que la ligne suivant laquelle s'est produite une de ces brusques variations correspond à une partie très inclinée d'une des surfaces de glissement *(thrust planes)* secondaires, et il est assez naturel que cette partie très inclinée ait marqué la place pour un tassement postérieur.

Bassin tertiaire de Marseille. Ilot jurassique de Château-Gombert. — Nous avons donc suivi la nappe renversée jusqu'au bord du bassin tertiaire de Marseille. Ce bassin s'étend au Nord sur les flancs du massif de l'Etoile, et il empêche de voir ce qui se passe au Sud du massif. Seul, le petit ilot jurassique de Château-Gombert, ramené par une faille contre l'Urgonien, peut sembler un dernier témoin de la nappe renversée. Sur le flanc Sud de cet ilot, on exploite en carrière des calcaires gris séquaniens, qui reposent sur une masse assez épaisse de dolomies. C'est sans doute cette superposition qui a porté M. Fournier à faire ces dolomies infraliasiques [1]. Il ne m'a pas semblé qu'elles eussent aucun des caractères lithologiques de ce niveau, et, en effet, en cherchant à leur pied, j'ai trouvé le Néocomien (fig. 30). Ce Néocomien forme même (fig. 31) à l'Est de la route de

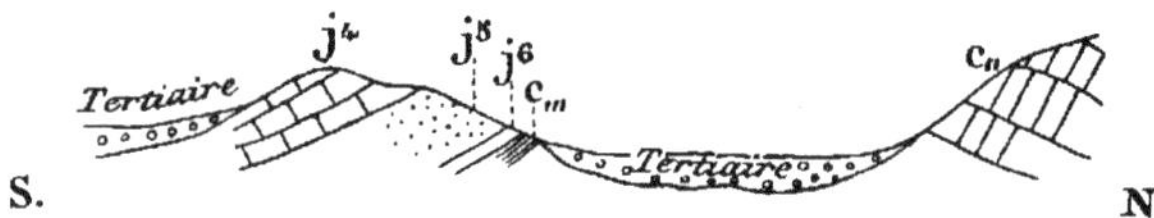

Fig. 30. — Coupe de l'ilot de Château-Gombert.

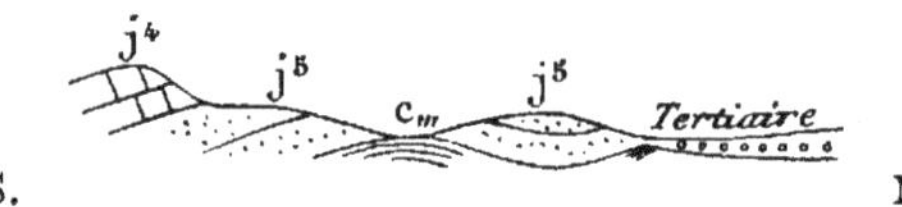

Fig. 31. — Coupe un peu plus à l'Ouest.

c_{II}, Urgonien. — c_{III}, Néocomien. — j^6, calcaires blancs. — j^5, dolomies. — j^4, calcaires séquaniens.

Baume Loubières, un petit pointement fermé, avec gros Bivalves, plongeant de toutes parts sous les dolomies. Le renversement est donc certain.

On pourrait attribuer ce renversement des couches jurassiques à l'existence d'un pli couché local, qui borderait au Sud le massif de l'Etoile, comme le pli d'Allauch borde le massif d'Allauch. Mais la direction N.-E. de l'ilot rend alors

[1] *Bull. Soc. géol.*, 3e sér., t. XXIV, p. 264, fig. 14.

bien invraisemblable qu'on ne retrouve dans cette direction aucune trace de la continuation d'un pli aussi énergique Il est beaucoup plus naturel de voir là un pointement de la nappe renversée.

Discussion de quelques affleurements à l'Est du massif. — Je veux enfin, avant de terminer ce chapitre, indiquer la probabilité d'autres affleurements de la nappe renversée sur le pourtour du massif d'Allauch. J'ai fait ressortir dans mon ancien mémoire sur le massif d'Allauch (p. 79), l'importance brusquement variable des suppressions de couches dans la ceinture extérieure de la bande triasique, et je voyais une objection, « non pas dans l'exagération, mais dans l'irrégularité de ces phénomènes ». Je faisais remarquer, comme point de départ d'une explication possible, que les lignes de plus grande discontinuité « dessinent sur le bord du bassin tertiaire une série de courbes concaves vers ce bassin, comme une série de golfes comparables à ceux d'une côte accidentée. Ces courbes circonscrivent à leur intérieur un ensemble de couches toujours plus récentes que celles qui les entourent; elles semblent donc délimiter autant de bassins d'affaissement (la Treille, les Camoins, Lascours, Peipin) ». En laissant de côté Peipin, qui rentre dans un type différent, je crois que les prétendus bassins d'affaissement, avec leurs couches spéciales, avec la discontinuité qui les sépare de leur entourage, s'expliqueraient bien mieux par de nouveaux pointement de la nappe renversée. L'existence de plis isoclinaux couchés vers le massif ne permet pas, à moins de charnières visibles, de décider si, en effet, les couches affectées par ces plis étaient ou non primitivement renversées, et une nouvelle étude serait nécessaire avant de rien affirmer; pourtant plusieurs indices me portent à conclure dans ce sens. Je me contenterai de parler ici d'un lambeau de Cénomanien signalé par M. Fournier [1], au Sud de Lascours. « Je viens, dit-il, de découvrir, en compagnie de M. Bresson, un petit synclinal de Cénomanien très fossilifère couché vers le massif central et pincé dans la bande triasique et infraliasique qui constitue l'axe du pli périphérique à l'Ouest de l'Antique ». Après les exemples précédents, il semble naturel de voir dans ce Cénomanien un pointement du substratum, qui apparaîtrait, non par pli synclinal, mais par anticlinal. L'indication de la position du gisement que je n'ai pas vu moi-même, est trop vague pour que je puisse l'identifier avec certitude avec celui, qu'en le recherchant, j'ai trouvé le long du chemin du Garlaban, sur la rive gauche du ravin qui descend du pied Sud de la montagne. Le lambeau est en contact avec le Trias ; malheureusement les conditions de superposition ne sont pas très claires ; en tout cas, il plonge nettement à l'Est sous l'Urgonien à Requiénies. L'Aptien se montre entre les deux, un peu plus au Nord, et on voit même un gros rocher urgonien former un bloc isolé sur l'Aptien inférieur. Je reproduis ici la coupe de la rive droite du ravin, telle que je l'ai inscrite sur mon carnet (fig. 32).

La superposition apparente du Cénomanien aux dolomies ne prouve rien ;

[1] *Bull. Soc. géol.*, 3e sér., t. XXV, p 36.

entre les deux il y a nécessairement un accident, moins important seulement dans l'hypothèse d'une nappe renversée que dans l'hypothèse contraire. Par contre, le renversement de l'Urgonien sur l'Aptien et le Cénomanien est bien difficile à comprendre dans le cas d'un bassin affaissé. En effet, les assises infé-

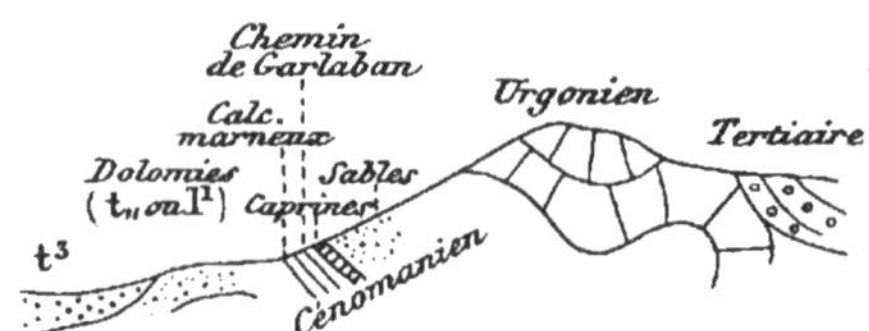

Fig. 32. — Coupe de la bordure à l'Est du Garlaban.
l^1, Infralias. — t^3, Keuper. — t_{II}, Muschelkalk.

rieures sont connues sur une assez grande largeur, au Nord et au Sud du prétendu affaissement, et elles présentent partout une succession normale et un pendage régulier. De plus, en face de ce point (mais ceci n'est qu'un indice négatif), j'ai cru constater une interruption de la bande du Trias. Il faut revoir les choses avant de conclure, mais provisoirement je crois la nouvelle solution préférable.

Résumé.

En tout cas, et en faisant abstraction de ce dernier point, qui n'est pas essentiel à la démonstration, nous sommes arrivés à un résultat formel, incontestable, dont il ne restera plus qu'à développer les conséquences : il existe autour du massif de l'Etoile et du massif d'Allauch, une nappe de terrains renversés, qui a été affectée de plis nombreux ayant même dépassé la verticale. Cette nappe est superposée au bassin de Fuveau ; partout où une faille n'obscurcit pas les contacts, elle s'enfonce sous le massif de l'Etoile, sous une partie duquel elle passe même comme en tunnel, et elle repose au contraire *en discordance* sur le massif d'Allauch ; d'un autre côté, elle passe sous la bande triasique qui entoure le massif d'Allauch, ainsi que sous le Trias de St-Julien. Son existence est prouvée par l'observation de *charnières retournées*, c'est-à-dire de charnières qui montrent les terrains les plus anciens au centre des synclinaux et les terrains les plus récents au centre des anticlinaux ; elle est prouvée d'une manière indépendante pour les différentes parties qui la composent : pour la bande de Simiane [1], pour celle de l'angle Sud-Est du massif d'Allauch, pour le voisinage de la Treille et pour le massif de St-Julien. L'unité de la nappe résulte de sa continuité presque

[1] Il pourrait se faire, pour des raisons semblables, que les couches jurassiques et néocomiennes qui affleurent près de la station de l'Etoile appartissent à la nappe renversée ; mais là encore, jusqu'à nouvel ordre, la preuve fait défaut.

[2] Je ne cite pas dans l'énumération la région de Pichauris, parce que là je ne connais pas de charnières visibles, et par conséquent pas de preuve directe. Mais la série des arguments que j'ai développés donnerait bien, selon moi, le droit de dire qu'il y a démonstration *indépendante* pour ce massif.

ininterrompue, de l'étroite correspondance des parties qui se font face quand il y a interruption, et du faciès grèseux spécial de l'Aptien qui entre dans sa composition. En raison de cette unité, les preuves données pour une seule de ses parties suffiraient à assurer la conclusion générale ; ces preuves viennent donc se confirmer, et, pour ainsi dire, se surajouter. *A priori*, nous sommes là en présence d'un phénomène général, et non *local*, conclusion qui se dégagera plus nettement encore, quand nous retrouverons *la même nappe renversée*, avec les mêmes plissements, avec le même faciès spécial de l'Aptien, dans le massif de la Ste-Beaume.

III$_b$. — INDÉPENDANCE DE LA NAPPE RENVERSÉE ET DES PLIS VOISINS

S'il existait un pli important, au voisinage duquel soit due l'existence de la nappe renversée, ce pli, d'après la disposition des affleurements de la nappe, ne pourrait être qu'un pli entourant les massifs de l'Etoile et d'Allauch, et envoyant une ramification dans l'intervalle qui sépare ces massifs. Ce pli présenterait déjà cette singularité, en vertu de sa forme semi-elliptique, de se renverser au Nord vers l'extérieur des massifs, puis, par un changement brusque, à l'Est et au Sud vers leur intérieur. Mais il y a plus : ce pli, du côté de l'Est et du Sud, ne pourrait guère avoir pour axe que le Trias périphérique ; or, partout où nous avons déjà analysé les conditions du gisement de ce Trias, à Simiane et à Pichauris, à la Treille et auprès d'Allauch, ce Trias s'est montré, non pas seulement couché sur la nappe, mais entièrement superposé à elle et enveloppé dans ses ondulations. On pourrait, il est vrai, objecter que ce Trias n'en est pas moins continu avec celui de la racine, qui peut se trouver à faible distance en profondeur, ou par exemple se confondre avec celui de la vallée de l'Huveaune. La question demande donc à être discutée en détail, et pour cela j'examinerai d'abord ce qui est relatif au massif de l'Etoile.

Le massif de l'Etoile ne correspond pas à un pli anticlinal.

Considérations générales. — Parmi les surprises que m'a procurées l'étude nouvelle de la région, celle-là, je dois le dire, a été la plus considérable et la plus inattendue ; c'est celle qui a le plus profondément modifié les idées que je m'étais faites sur la structure du pays. J'avais complètement accepté les idées de M. Collot [1], trop conformes aux conclusions que M. Zurcher et moi nous avions adoptées à l'Est, pour ne pas me sembler pleinement satisfaisantes ; j'avais même souscrit à l'idée, déjà anciennement émise par M. Marion, que le pli déjà ébauché à la fin du Crétacé, avait pu former barrière à l'extension des lagunes sénoniennes vers le Sud. Mais il a fallu se rendre à l'évidence, il n'y a

[1] Plis couchés de la feuille d'Aix, *Bull. Soc. géol.*, 3e sér., t. XIX.

pas de *pli de l'Etoile*, pas plus qu'il n'y a de pli du Condros dans la région des bassins houillers du Nord et de la Belgique.

Ceci demande une explication : j'ai souvent exposé qu'un phénomène de superposition anormale pouvait, en général, s'expliquer indifféremment par une faille ou par un pli ; du moment, en effet, qu'on admet l'étirement possible des différentes parties d'un pli couché, il suffit dans chaque cas de rétablir par la pensée les couches qui manquent, pour pouvoir assimiler la coupe d'un chevauchement quelconque à la coupe type d'un pli complet, et la chose paraît légitime, parce que dans de nombreux exemples on a observé le passage latéral d'une coupe à une autre, de la faille au pli.

Il n'en est pas moins vrai que parfois la reconstitution des parties manquantes, des couches supprimées, des charnières dénudées ou enfouies en profondeur, mène à des figures d'une invraisemblance un peu choquante. Ce n'est là, si l'on veut, qu'un argument de sentiment, mais il prend une certaine force, lorsque le prétendu pli s'étend sur une grande longueur, et que sur toute cette longueur l'invraisemblance de la coupe reconstituée ne fait que changer de nature, sans jamais disparaître. C'est pour cela que plusieurs géologues, et notamment M. Rothpletz, ont contesté depuis longtemps l'assimilation des grands chevauchements à des plis déroulés. Sous cette forme, la question reste un peu une question de théorie, mais elle prend un tout autre aspect quand il s'agit de décider si le massif constitué par le pli supposé, a réellement donné naissance au chevauchement voisin, s'il en est réellement la racine s'enfonçant en profondeur, ou si, au contraire, il ne fait pas entièrement partie d'une nappe superposée. Il ne s'agit plus alors de théorie, mais d'une question de fait à résoudre. Il est clair que, si on prétend la discuter, en admettant comme point de départ, à cause même du chevauchement, l'existence d'un pli couché sur le bord du massif, on répond à la question par la question, on tourne dans un cercle vicieux.

Comment alors démontrer l'existence du pli contesté ? Il n'y a guère qu'une preuve directe, la constatation de charnières, et, comme c'est toujours là un cas exceptionnel, il n'y a aucun argument à tirer de ce que cette constatation fasse défaut. Mais, en l'absence de cette preuve directe, on doit chercher dans quelle mesure l'allure des couches du massif se rapproche de celle qu'il est raisonnable d'admettre pour le flanc supérieur d'un pli couché. Cette étude donne pour le massif de l'Etoile des résultats tout à fait concluants.

Coupe de la tranchée du chemin de fer de Septèmes. — Prenons comme point de départ la coupe de la tranchée du chemin de fer de Septèmes (fig. 33). On peut imaginer que la masse jurassique du Sud est le flanc normal d'un grand pli couché sur le poudingue bégudien, la petite lame de Jurassique supérieur, qui se trouve dans le bas de la tranchée, représentant seule tout le flanc renversé. D'après ce qui précède, il faut admettre alors que le flanc renversé se complète rapidement et se plisse au-dessus du poudingue replié en anticlinal. Il n'y a pas là d'impossibilité absolue, quoiqu'il soit difficile de se figurer ainsi comment se constitue et se complète le substratum de l'anticlinal bégudien. J'attacherais plus d'importance au petit banc écrasé de Muschelkak qui se montre dans la tranchée au Sud du poudingue, à la base de la série jurassique, régulièrement et puissamment déve-

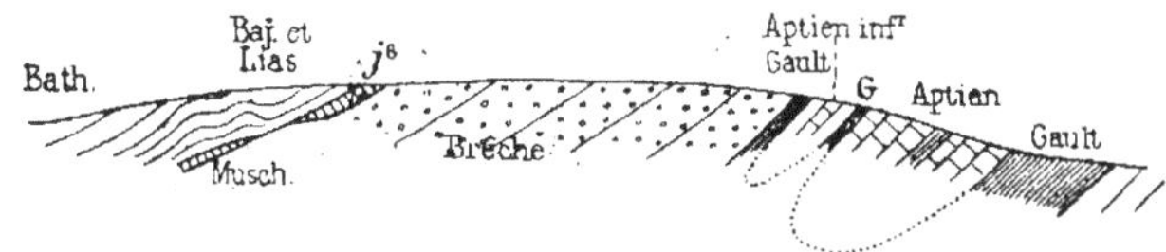

Fig. 33. — Coupe de la tranchée de Septèmes.
G, Gault. — j⁶, Jurassique supérieur.

loppée à partir du Bathonien. L'étirement de la base du flanc normal, dans un pli local, n'est, au moins, pas conforme aux habitudes.

Comparaison avec les coupes voisines à l'Est.— Je suivrai maintenant cette coupe du côté de l'Est, en me contentant de dire que, pour l'autre côté, dont l'étude n'est pas terminée, les difficultés rencontrées seraient analogues, sinon plus grandes. Entre Fabregoule et les Bastidonnes, tandis que la série renversée, représentée par la lame jurassique de la tranchée, prend plus de largeur et d'importance, comprenant toute la série crétacée et jurassique, jusqu'à l'Oxfordien, le Trias de la tranchée vient affleurer et la borde au Sud, accompagné même d'un peu de Lias ; c'est, en apparence, la base du flanc normal qui se complète. Mais, au delà des Bastidonnes, entre le Trias et le Bajocien, s'intercale une nouvelle lame de calcaires blancs, qui, elle aussi, se développe du côté de l'Est et devient la bande de Notre-Dame-des-Anges. Il n'y a que deux explica-

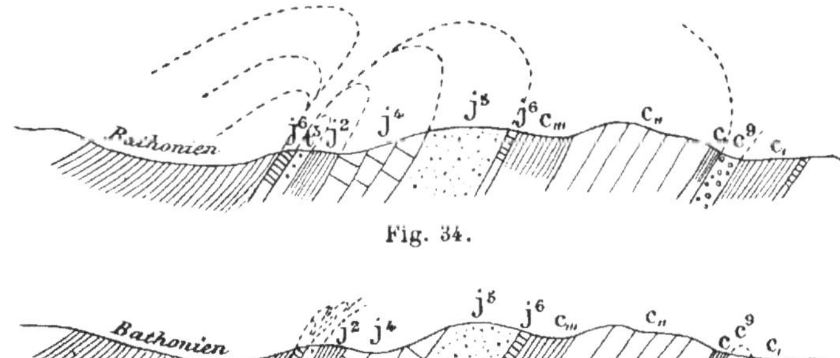

Fig. 34.

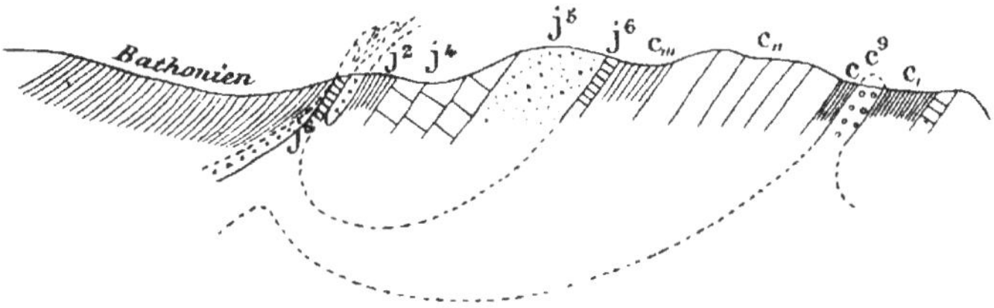

Fig. 35.

c^9, poudingue bégudien. — c_I, Aptien. — c_{II}, Urgonien. — c_{III}, Néocomien. — j^6, calcaires blancs. — j^5, dolomies. — j^4, Séquanien. — j^2, Oxfordien. — t^3, Trias.

tions possibles (fig. 34 et 35) : cette lame de calcaires blancs se rattache au flanc supérieur ou au flanc renversé. Dans le premier cas (fig. 34), il faut supposer un synclinal secondaire, dans lequel les cinq cents mètres de la série jurassique ont brusquement disparu et que borde au Sud une grande faille d'enfoncement ; c'est là évidemment un de ces cas où l'invraisemblance devient une impossibilité. La seconde hypothèse (fig. 35), qui nécessite une faille en sens inverse, suppose que la barre jurassique est due à une nouvelle ondulation du flanc renversé ; elle mènerait, soit dit en passant, *par une autre voie indépendante*, à la conséquence déjà établie précédemment, que la bande triasique de St-Germain est sans racine et superposée à une série renversée. Mais elle donne encore pour l'ensemble du pli une allure assez bizarre et peu satisfaisante.

Enfin, si on arrive en face de Jean-le-Maître, on voit le pli se dessiner sans ambiguité ; la série jurassique retombe vers la série renversée ; mais elle retombe doucement, avec de faibles inclinaisons, sans renversement (fig. 36). Ce pli, auquel

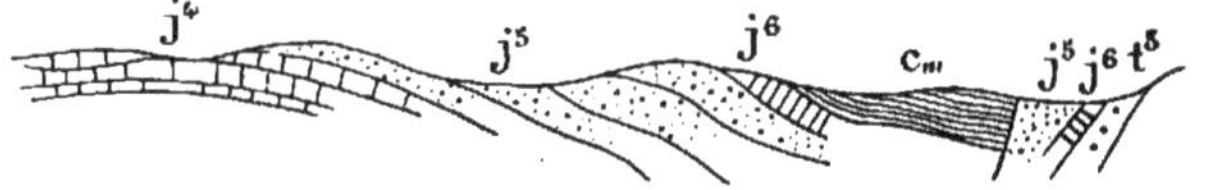

Fig. 36. — Bord du massif de l'Etoile, près du col de Jean le Maître. c_{III}, Néocomien. — j^6, calcaires blancs. — j^5, dolomies. — j^4, Séquanien. — t^3, Trias. Discussion de la coupe des Bastidonnes.

il faudrait attribuer l'origine d'une nappe renversée, large de deux kilomètres, est un simple bombement régulier, sans trace d'actions violentes, sans irrégularités d'aucune sorte. Et même ce pli disparaît bientôt vers l'Est ; au Sud de la série renversée, il n'y a plus qu'une série s'inclinant régulièrement vers Marseille et débutant par les dolomies du Jurassique supérieur.

Ainsi, dans cette partie, sur le bord du massif de l'Etoile, il n'y a pas de pli visible, ou il n'y a qu'un pli droit, d'importance très secondaire, incompatible avec les effets qu'il faudrait lui attribuer.

Coupes de St-Savournin. — A partir de St-Savournin, l'Oxfordien et le Bathonien reparaissent à la base de la série normale ; au pied, une petite bande de dolomies jurassiques prolonge la série renversée de Notre-Dame-des-Anges, et sépare l'escarpement principal de l'Aptien, ou même des couches fluvio-lacustres (galerie du Terme). Ici l'apparence se rapproche de celle d'un pli couché ; mais la continuité avec les coupes précédentes d'une part, et de l'autre les pointements intermittents de Trias, qui se montrent soit à la base, soit au milieu des dolomies, ou encore l'intercalation dans ces dernières de marnes néocomiennes, suffisent encore à contredire cette interprétation [1].

Conclusion. — La conclusion est donc la suivante : *le bord du massif de l'Etoile*

[1] *Le bassin de Fuveau*, p. 41, fig. 12.

n'est pas un pli couché : ce n'est même pas un pli d'aucune manière. Il est bordé par une faille qui plonge sous le massif, et que surmonte une série normale, très étirée à la base. Aux points où l'affleurement de cette faille se confond avec celui d'un tassement local, la série normale retombe légèrement vers la faille, ce qui fait naître les apparences d'un bombement peu accusé, sans renversements. Il résulte nettement de cette disposition que la nappe renversée est ici sans rapport d'origine avec le massif qu'elle borde.

La nappe renversée est séparée du massif par une faille que j'ai appelée faille du Pilon du Roi [1], et qui, partout où il n'y a pas de tassements locaux, s'enfonce sous le massif. L'étirement de la base de la série normale donne tout à fait à cette faille les allures d'une surface de charriage, et la continuation de la nappe renversée jusqu'au delà de Pichauris montre que l'enfoncement sous le massif va très loin au Sud.

Massifs de Peipin et de Pichauris.

Massif de Peipin. — J'ai montré que la faille transversale (faille Doria) qui sépare le massif de l'Etoile de celui de Peipin, n'est pas, comme je l'avais cru, une faille de décrochement, mais bien une faille d'affaissement. Dès lors il n'y a plus lieu de discuter, comme je l'avais fait, si les deux massifs forment des unités et ont des structures distinctes. Le massif de Peipin n'est que la partie avancée de celui de l'Etoile, supprimée plus à l'Ouest par la dénudation, et ici protégée contre elle par son abaissement relatif. La nappe renversée passe sous l'isthme qui réunit les deux massifs ; il n'y a donc pas à douter que le massif de Peipin ne soit tout entier superposé au Crétacé.. Les conclusions précédentes lui sont d'ailleurs applicables, puisqu'il n'est qu'une partie du même massif que l'Etoile ; il ne forme pas un pli couché (et encore moins un pli en éventail) ; ce n'est qu'une partie de la nappe superposée à celle des terrains renversés.

Massif de Pichauris. — Le massif de Pichauris ne forme pas non plus un pli couché spécial. Ce pli serait en champignon, ce qui est déjà à mes yeux une objection suffisante ; mais, de plus, j'ai montré la continuité des terrains renversés qui l'entourent avec la nappe de Simiane ; c'est donc toute cette nappe qu'il faudrait faire sortir de l'étroit pédoncule du Collet Redon. Enfin, l'Infralias qui, au-dessus des marnes irisées, surmonte cette colline isolée, est le même, sans discussion possible, que celui qui au Nord surmonte les mêmes marnes irisées et va s'enfoncer sous les collines de Peipin ; il est aussi relié avec évidence, du côté de l'auberge de Pichauris, par un pointement intermédiaire [3],

[1] *Ann. des mines*, juillet 1898.
[2] Voir les arguments directs dans le mémoire sur le massif d'Allauch, pp. 28 et 29. Je rappellerai en particulier l'existence du « trou » ou regard ouvert par la dénudation, qui fait apparaître un îlot de poudingues crétacés au milieu de l'Infralias.
[3] Voir plus haut, p. 32.

avec l'Infralias qui plonge sous l'Etoile. Il fait donc partie, comme les massifs précédents, de l'ensemble superposé à la nappe renversée.

Autres bandes de Trias et d'Infralias autour du massif d'Allauch.

Bande périphérique. — Cette bande ne peut pas être non plus une racine de pli anticlinal. A son extrémité Nord, elle plonge sous le massif de Peipin, et ressort du côté de Valdonne, au-dessus des couches du Crétacé lacustre ; elle est donc là *superposée au Crétacé*. Au Sud de Lascours, le lambeau cénomanien découvert par MM. Fournier et Bresson, montre qu'elle a encore, comme cela doit être, la même situation ; j'ai d'ailleurs indiqué depuis longtemps [1] qu'elle enveloppait certainement en profondeur le synclinal de Roquevaire, continuation de celui de Peipin. Si les bassins de terrains plus récents, à l'Est du Trias, sont, comme je l'ai indiqué plus haut avec réserves, des pointements de la nappe renversée, c'est une nouvelle preuve encore plus manifeste. Enfin, à son extrémité Sud-Ouest, la bande (en affleurement) se divise en plusieurs branches, qui toutes sont superposées au Crétacé.

Massif de St-Julien. — Le Trias de St-Julien n'est qu'un épanouissement de la bande précédente. Il ne peut pas non plus figurer un pli anticlinal, puisque il est superposé à l'Aptien.

Bande triasique de l'Huveaune. — Ainsi, de quelque côté qu'on se tourne, le résultat est le même ; on ne peut trouver dans aucun des massifs immédiatement voisins l'origine de la nappe renversée. Si le Trias ou l'Infralias qui en font partie se rattachent à un pli couché, ils s'y rattachent à distance; aucun de ces massifs ne peut fournir la racine cherchée.

Par contre, il semble qu'on puisse en trouver la place en s'éloignant un peu au Sud et à l'Est. Le Trias a un énorme développement dans toute la vallée de l'Huveaune ; il y est affecté de plis droits très serrés, et en général verticaux. Là, doit-on penser naturellement, peut et doit être la racine.

Une première objection, c'est que le Trias de l'Huveaune, dans la région d'Auriol et de Roquevaire, malgré l'interruption des affleurements sous le Tertiaire d'Aubagne, a pour continuation certaine celui de la plaine de Marseille, c'est-à-dire le Trias du massif de St-Julien, qui, en partie au moins, est superposé au Crétacé. Cette objection n'est pas absolument concluante ; si l'on imagine un grand pli couché à axe triasique, il faut bien que quelque part, le Trias du flanc supérieur et celui de la racine ou du flanc inférieur, se trouvent en contact, et ce contact peut se faire au Sud du massif de St-Julien (fig. n° 1, pl. III). La coupe construite d'après cette hypothèse, n'a rien de particulièrement choquant, en dehors de la grandeur de la nappe, qui ne fera qu'augmenter si l'on est obligé de chercher plus loin la racine.

[1] Le massif d'Allauch, p. 33.

On pourrait encore tirer une objection de la composition des collines au Sud de la plaine : on trouve là, comme le montre la carte géologique, des terrains crétacés plongeant vers la plaine, et allant, entre la Penne et Aubagne, jusqu'au Cénomanien et au Turonien. Puisque la moitié Nord de la bande triasique est superposée au Crétacé, et que de l'autre côté le Crétacé plonge sous la moitié Sud, l'idée vient naturellement que le Crétacé forme sous la plaine de Marseille une grande cuvette, qui servirait de substratum à la nappe renversée et au Trias. Là encore l'objection ne serait pas concluante : il y a sous les terrains oligocènes assez de place pour masquer le retour du bord de la cuvette Sud et la place de la racine triasique, surtout si l'on réfléchit qu'il existe une grande faille au Sud du massif de St-Cyr, et que rien n'empêche de supposer l'existence d'une faille parallèle au Nord du massif. C'est cette hypothèse qui traduit la coupe (pl. III). On peut dire que, d'après les faits exposés jusqu'ici, rien n'empêche de voir, dans le Trias de la vallée de l'Huveaune, c'est-à-dire dans ce Trias que j'ai appelé au début la seconde bande transversale, la racine de l'immense pli couché qui passait par dessus le massif d'Allauch, et qui passe encore en dessous du massif de l'Etoile. L'étude du massif de la Ste-Beaume et celle de la bande triasique elle-même, entre Auriol et St-Zacharie, montrent que cette solution, admissible pour la plaine de Marseille, cesse de l'être plus au Nord ; je ne la mentionne donc ici que *comme une première approximation.*

Conclusions relatives au massif de l'Etoile.

Le massif de l'Etoile est entièrement superposé au Crétacé. — C'est là la conclusion nécessaire et inévitable des données précédentes. J'ai en effet établi d'abord l'existence d'une nappe renversée dont les affleurements entourent le massif de l'Etoile et le massif d'Allauch ; il faut que cette nappe vienne de quelque part, et on n'a le choix qu'entre deux hypothèses ; ou elle a son origine au-dessous des massifs qu'elle entoure, ou son origine est extérieure et doit alors être cherchée plus ou moins loin du côté du Sud.

Le massif d'Allauch doit tout d'abord être mis à part ; la nappe repose incontestablement sur le massif, elle repose même *en discordance* sur les couches et sur les plis qui le composent ; en rétablissant la continuité primitive de la nappe, on voit que nécessairement elle recouvrait tout le massif. Par contre, elle s'enfonce partout sous le massif de l'Etoile ; il serait donc possible qu'elle se reliât à un pli couché qui entourerait ce massif et en formerait la bordure.

Mais nous avons vu que ce pli n'existe pas. Sans reproduire ici les objections d'ordre général, développées au début, il suffit de s'en tenir aux faits d'observation directe : partout, au Nord comme à l'Est, les couches du massif plongent régulièrement vers l'intérieur, sans trace d'un retournement ni d'un mouvement qui pourrait le préparer ; ou, s'il y a exception à cette règle, ce n'est que par suite d'une retombée locale vers une faille de bordure, et dans des conditions qui écartent encore plus l'idée d'un pli important. D'un bout à l'autre du massif, sur une longueur de 40 kilomètres, l'allure constatée est incompatible avec l'hypothèse d'un pli périphérique.

Si la nappe renversée n'a pas son origine sous le massif de l'Etoile, il faut qu'elle l'ait à l'extérieur et que par conséquent la nappe du Nord et celle du Sud se rejoignent sous le massif. Le massif est donc superposé à la nappe renversée et à son substratum, c'est-à-dire superposé au Crétacé. C'est un massif charrié, qui n'occupe sa position actuelle que par suite d'un déplacement d'ensemble.

Ainsi, comme on devait s'y attendre, l'existence de la nappe renversée entraîne comme conséquence l'existence d'une nappe supérieure, formée par des terrains en série normale. L'étude seule du massif de l'Etoile permet, comme nous le verrons, d'affirmer que ces nappes viennent du Sud, mais, pour préciser davantage, pour dire où est la racine du pli qui leur a donné naissance, il faut attendre l'étude des massifs voisins.

En tout cas, le fait important à retenir et dès maintenant acquis, c'est que le massif de l'Etoile n'a pas de racine en profondeur, qu'il faut y voir une sorte d'immense « bloc exotique », reposant sur des terrains plus récents.

La planche III donne trois coupes d'ensemble de la région, les deux premières prises du Nord au Sud, à travers le massif de l'Etoile et le massif d'Allauch, la troisième prise obliquement du Sud-Est au Nord-Ouest, de manière à montrer les relations des deux massifs. Ces coupes mettent bien en évidence les conclusions précédentes et la structure qui en résulte pour les massifs étudiés.

III_c. — LE MASSIF DE LA NERTHE. PREUVES DIRECTES DE SA SUPERPOSITION AU CRÉTACÉ SUPÉRIEUR.

Liaison avec le massif de l'Etoile. — Le massif de la Nerthe fait corps avec celui de l'Etoile, il n'en est que la continuation sous un autre nom : ***le massif de la Nerthe est donc, lui aussi, superposé au Crétacé.***

Je sais bien que ces résultats, au moins inattendus, sont de nature à motiver d'abord quelque défiance. Ce n'est pas qu'un déplacement de 20 kilomètres, auquel on arrive ainsi, soit un nombre imprévu pour les charriages horizontaux ; on en a invoqué de bien autrement considérables, et pour la Provence même, nous ne sommes pas au bout des conséquences qui s'enchaîneront. Mais, d'une part, ceux qui connaissent la région, diront que ces massifs ont l'air trop stables et trop solidement plantés pour ne pas être en place, et d'autres, au contraire, penseront que la Provence est un pays de bien petites montagnes pour répondre à l'ampleur de pareils phénomènes.

Je ne pense pas que ces répugnances aient la force d'arguments sérieux ; je comprends cependant qu'elles existent : aussi, est-ce une circonstance bien précieuse que le massif de la Nerthe présente des preuves directes du résultat énoncé, preuves indépendantes de tous les raisonnements précédents et faciles à vérifier pour tous ceux que la question intéresse. Il existe, en effet, dans le massif de la Nerthe, au moins deux trous, deux regards naturels, qui permettent de voir le substratum récent, limité à l'intérieur de courbes elliptiques et faisant voûte sous les terrains plus anciens. Ces deux regards, ou, si l'on préfère, ces deux apparitions limitées de terrains récents, ne sont pas une découverte nouvelle. Elles sont marquées sur la feuille de Marseille (près de Valapoux et de la Folie), où je les ai moi-même depuis longtemps délimitées, et si je n'en ai pas alors reconnu la signification, c'est que, comme je l'ai dit à la réunion du Beausset, « on ne voit que ce qu'on croit possible ».

Ilots de la Folie et de Valapoux. — Les deux points en question sont situés au Nord de Carry et de Sausset, à moins de deux kilomètres de la côte. L'un le gisement de la Folie, est traversé par la route de Sausset aux Martigues, et a été vu par conséquent par de nombreux géologues ; le second, celui de Valapoux, en tout semblable au premier, se trouve un kilomètre plus à l'Est, et est relié à la côte par un bon chemin charretier. Dans l'un comme dans l'autre, on voit une voûte centrale formée de calcaires roux et spathiques, probablement turoniens, (j'y ai trouvé autrefois un fragment de Cyclolite) ; des deux côtés elle supporte des grès verts, accompagnés à Valapoux de calcaires siliceux, qui représentent l'Aptien de Fondouille ; et enfin sur les bords, des bancs grumuleux correspondent comme aspect à l'Aptien inférieur, et au Nord comme au Sud s'enfoncent sous l'Urgonien. Sur la route, on voit au Sud, sur près de 40 mètres, la superposition peu inclinée de l'Urgonien sur les calcaires grumeleux ; il n'y a certainement pas de faille verticale [1]. Mais la coupe est encore mieux visible à quelques centaines de mètres à l'Est, en face des ruines d'une ferme abandonnée (fig. 37). A l'Est, la voûte se ferme sous l'Urgonien, qui ne forme plus qu'une

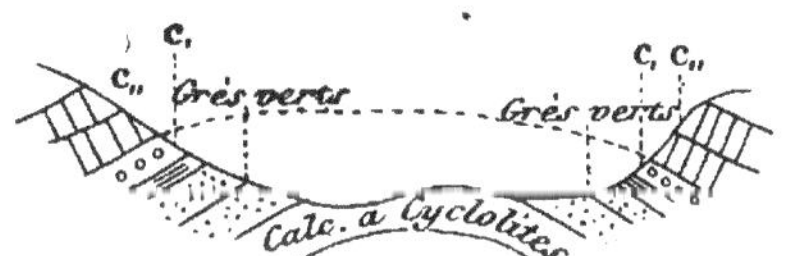

Fig. 37. — Coupe du pointement de la Folie (massif de la Nerthe)
c_I, calcaires grumeleux (Aptien infér. ou Néocomien). — c_{II}, Urgonien.

nappe parfaitement continue ; à l'Ouest quand l'Aptien gréseux et glauconieux disparaît, il reste une voûte de calcaires marneux que la carte de la Couronne range dans le Néocomien. C'est en tout cas un anticlinal de terrains plus anciens qui enveloppe et surmonte l'anticlinal de Crétacé supérieur.

Pointement sénonien au Sud des Martigues. — C'est peut-être le même anticlinal qui fait pointer l'Aptien de la Folie et de Valapoux ; mais il est probable qu'il

[1] J'ai cherché vainement des fossiles dans les bancs grumeleux. Il n'est donc pas impossible que, malgré leur aspect, ils représentent non pas l'Aptien, mais le Néocomien en position normale au dessous de l'Urgonien. Cela ne changerait pas la signification ni la conclusion essentielle de la coupe ; mais cela indiquerait en plus que l'Urgonien appartient à la nappe supérieure, superposée à la nappe renversée.

existe au Nord au moins un autre anticlinal parallèle, donnant naissance à un pointement analogue ; en effet, au Sud des Martigues, M. Carez [1] a signalé un petit affleurement de calcaires à Hippurites, pincé entre deux lèvres d'Urgonien. Je n'ai pas vu le gisement, mais son isolement dans un fond me fait penser qu'il n'y a pas là de faille, plus qu'à la Folie, et que c'est encore une apparition du substratum. Quant au pointement beaucoup plus étendu du Rove, M. Repelin, qui l'étudie, en donnera la description ; il y a là des complications apparentes très grandes, que n'expliquent pas complètement les coupes de M. Fournier [2] ; mais je ne doute pas, d'après ce que j'ai vu, que l'apparition de l'Aptien du Rove ne soit due à la la même cause que les exemples précédents et n'entraîne la même conséquence.

Il est encore à remarquer que l'Aptien de tous ces gisements. quoique plus glauconieux à la Folie, a le faciès et le développement constatés dans la nappe renversée, tandis que dans le reste du plateau, ou bien il fait défaut (Sud d'Ensué) entre l'Urgonien et le Cénomanien, ou bien il se présente (si les déterminations de la carte géologique sont exactes) sous l'aspect très différent de calcaires blancs à gros silex.

J'ai cru devoir mentionner ces gisements du Rove et des Martigues ; mais je ne veux m'appuyer ici que sur ceux de la Folie et de Valapoux. La coupe n'y prête à aucune ambiguité, et la conséquence est incontestable : *le massif de la Nerthe est entièrement superposé à un substratum plus récent.*

IV. — STRATIGRAPHIE DES NAPPES CHARRIÉS ET MÉCANISME DES MOUVEMENTS.

Etude de la nappesupérieure. Ecrasement et disparition intermittente des couches de base.

Srtatigraphie spéciale des massifs charriés. — Le charriage du massif de l'Etoile et du massif connexe de la Nerthe étant ainsi un fait bien établi, il n'est pas inutile, avant d'aller plus loin, d'indiquer les phénomènes spéciaux qui ont accompagné ces charriages, et ont produit, dans les masses mises en mouvement, un véritable réarrangement des couches. Il est naturel que le glissement d'ensemble soit accompagné de glissements secondaires qui, par un mécanisme maintenant bien connu, amènent des étirements et des suppressions des couches ; mais de plus on doit prévoir que, s'il existait des inégalités dans la surface du substratum, ces inégalités, saillies ou dépressions, ont constitué comme des obstacles à franchir pour la nappe en mouvement, et que ces obstacles ont pu influer, non seulement sur la distribution, mais sur l'arrangement des couches de la nappe.

[1] Légende de la feuille d'Arles.
[2] *Feuille des jeunes naturalistes,* avril 1895.

Il y a en d'autres termes une *stratigraphie spéciale* pour les nappes charriées, tellement spéciale que les caractères en suffisent, je crois, pour faire reconnaître et prévoir le charriage. Les massifs étudiés permettent dès maintenant d'en mettre en lumière quelques traits intéressants, dont l'exemple pourra servir à élucider d'autres difficultés dans les massifs voisins.

Irrégularité des étirements dans la nappe renversée. Thrust planes. — J'ai déjà eu l'occasion [1] de signaler dans la nappe renversée des surfaces de glissement (*Thrust planes*) qui la divisent en tranches successives, dans chacune desquelles les variations d'épaisseurs et les suppressions de couches se produisent et s'exagèrent d'une manière indépendante, et j'ai montré que ces surfaces paraissent coïncider avec des couches marneuses, qui ont servi comme de lubréfiant. La bande de Simiane est tout à fait instructive à cet égard. Là il est vrai, les phénomènes ne diffèrent pas essentiellement de ceux qui se produisent couramment dans le flanc renversé d'un pli couché ; les irrégularités sont de même nature, mais elles atteignent des proportions inusitées.

Régularité relative de la nappe supérieure. — Dans la nappe supérieure, celle qui correspondrait au flanc supérieur d'un pli à dimensions restreintes, la série se présente sur de grands espaces avec la succession et l'épaisseur normales. Il y a bien de place en place, surtout au voisinage des étages marneux, certains bancs qui disparaissent d'une manière intermittente : ainsi les calcaires à silex à la base des marnes bathoniennes, le Néocomien, qui est souvent remplacé par une brèche de friction, peut-être aussi quelquefois l'Aptien ; mais, malgré ces lacunes locales, la série se présente avec une telle puissance, la plupart des étages y sont si bien au complet, que l'impression d'ensemble est celle d'une grande régularité. Et pourtant cette suppression de couches, quand elle ne peut pas être attribuée à une irrégularité de la sédimentation, est un fait grave qui doit retenir l'attention ; elle ne peut absolument s'expliquer que par des glissements suivant la surface des bancs, et quand elle se produit, comme c'est le cas fréquent, au milieu des couches étalées horizontalement sur de grandes étendues, on ne voit pas où chercher la cause de ces glissements, autre part que dans un déplacement d'ensemble.

Ecrasement intermittent de la base. — Mais ce qui différencie surtout la nappe charriée, ce qui contraste de la manière la plus frappante avec la puissance et la régularité apparente de sa partie supérieure, c'est *l'écrasement de sa base*, écrasement qui correspond aux actions les plus énergiques constatées dans les flancs renversés, et qui gagne de proche en proche, suivant les points, jusqu'à supprimer tout le Jurassique, et quelquefois aussi le Néocomien. La série débute à un niveau quelconque, et à partir de ce niveau, elle est complète, sauf les lacunes locales signalées plus haut. Il y a pourtant une exception à faire pour le

[1] *Ann. des mines, loc. cit.*, pp. 38 et 39, fig. 11.

Trias [1], qui se comporte comme une unité spéciale, interposée entre la nappe renversée et la nappe supérieure, qui tantôt s'écrase avec la base de cette dernière nappe, tantôt au contraire subsiste seul, et supporte alors directement un terme quelconque de la série normale.

Prenons ainsi la coupe de la tranchée de Septèmes (fig. 33, p. 47). Au-dessus de la nappe renversée, réduite là à une lame étroite de Jurassique supérieur, on voit, sur deux ou trois mètres, un banc de Muschelkalk, un peu de cargneules et de marnes bajociennes froissées : au-dessus, le Bathonien, le Callovien, l'Oxfordien et toute la série jurassique, se développent avec une énorme épaisseur et une parfaite régularité. Aucun exemple n'est plus frappant et plus net pour montrer l'écrasement de la base.

A l'Ouest de la tranchée, quoique les coupes n'aient pas été décrites dans ce mémoire, celles du Rove sont assez nettes pour pouvoir être invoquées ici : on voit là, au contact de l'Aptien, une bande étroite de Trias, qui même en un point se développe assez pour avoir donné lieu à une exploitation de gypse ; or ce Trias est directement surmonté, tantôt par les dolomies jurassiques, tantôt par le Néocomien.

A l'Est de la tranchée, il est difficile de conclure, par ce que, comme je l'ai dit ce sont des tassements locaux qui ont en partie déterminé le contact des affleurements de la nappe renversée et de la nappe supérieure ; pourtant à St-Savournin et au Terme, à la base de la série normale, on trouve un petit banc de dolomies infraliasiques sous le Bathonien. Dans le petit massif de Peipin, l'Infralias bien développé est en quelques points directement surmonté par le Jurassique supérieur.

Le long de la bande triasique de l'Huveaune, le Trias avec gypse exploité, auprès de Roquevaire, plonge en concordance sous le Jurassique supérieur, et un peu plus au Sud, directement sous l'Urgonien. Le long de la bande périphérique du massif d'Allauch, décrite plus haut, l'Infralias entre le Jas de Fontainebleau et la Treille, s'enfonce alternativement sous le Valanginien et sous le Jurassique supérieur. Plus au Nord, près des Bellons, le Trias, avec gypse exploité, passe sous un îlot de dolomies, à la partie supérieure desquelles se voient les calcaires blancs et un peu de Néocomien (fig. 25, p. 38). La même chose a lieu plus au Sud, près de la Treille (fig. 26), et plus à l'Ouest, au-dessus de Montespin (fig. 29) On pourrait il est vrai objecter que, dans ce pourtour du massif d'Allauch, la base de la nappe normale n'est pas seule à s'écraser ; car j'ai décrit autrefois, entre Lascours et Aubagne, des étirements à tous les niveaux ; mais, comme je l'ai dit plus haut, il est probable que la bande où se produisent ces étirements irréguliers, n'appartient pas à la nappe supérieure, mais correspond à un pointement de la nappe renversée. Tous ces exemples justifient donc la règle énoncée : en dehors de quelques glissements au voisinage des étages marneux, les résultats

[1] Les couches à *Avicula contorta*, avec leurs marnes et leurs cargneules, ont une composition analogue à celle du Trias, et lui restent étroitement associées pour tout ce qui regarde ces phénomènes.

du charriage ne se font traduire dans la nappe supérieure que par un écrasement de la base.

Explication des apparences anormales présentées par les affleurements du Trias. — On s'explique dès lors aisément la singularité de ces longs filets triasiques, étroits et sinueux, se présentant comme pourrait le faire l'affleurement d'une couche mince [1], intercalée dans la série sédimentaire, mais en quelque sorte obliquement, sans se tenir toujours au même niveau statigraphique ni entre les mêmes étages. Le charriage est antérieur au plissement principal de la région; il serait difficile en effet de concevoir qu'il se soit fait sur la surface très inégale d'un sol accidenté, et d'ailleurs cette étude a montré surabondamment que les nappes sont plissées. Donc ce plissement s'est exercé sur un ensemble composé : de la série normale en place, d'une série renversée intermittente, et d'une seconde série normale à base inégalement écrasée, *ces trois séries étant discordantes entre elles*; entre la seconde et la troisième série existait une nappe de Trias, tantôt très épaisse, tantôt très mince, qui partout a subi les mouvements postérieurs et a ainsi donné lieu aux singularités les plus frappantes de la structure.

On s'explique de même ainsi le contact bizarre du massif d'Allauch et du massif de l'Etoile. On sait que ces deux massifs sont séparés par une bande de Trias continu, épanouie à Pichauris, filiforme au Sud sur plus de quatre kilomètres. Ce Trias plonge sous le massif de l'Etoile, au Nord sous l'Infralias, plus loin sous les dolomies jurassiques, et au Sud sous le Néocomien. Il y a peut-être, notamment au point où l'Urgonien apparaît au contact, quelques phénomènes de tassement, mais l'existence d'une grande faille, quoique je l'aie admise autrefois faute d'autre explication, doit certainement être rejetée; on n'en trouve que péniblement la continuation possible du côté de la faille du Terme (faille Doria) où sa denivellation a changé de sens ; et surtout il est incompréhensible que sa position se trouve partout exactement choisie de manière à conserver à son contact d'une manière continue un étroit liseré triasique, d'une vingtaine de mètres de largeur maximum. Il n'est pas douteux, d'après ce qui précède, que ce Trias ne représente la base écrasée du massif de l'Etoile, l'écrasement ayant été faible du côté du Nord, puis s'étant étendu progressivement au Sud jusqu'au Jurassique et jusqu'au Néocomien. Il en résulte une conséquence probable d'un grand intérêt, c'est que toute la partie Sud du massif de l'Etoile, composée d'Urgonien et de Néocomien, doit être directement superposée au Trias, sans intermédiaire de terrain jurassique.

[1] Le fait que les affleurements de Trias ressemblent plus souvent, dans leur dessin, à un affleurement de couches qu'à un affleurement de pli, avait déjà frappé M. Golfier, qui en a essayé une explication ingénieuse (*Bull. Soc. géol.*, 3e sér., t. XXV, p. 171). C'était, je crois, une idée juste que d'invoquer la nature du substratum, mais les nouvelles observations permettent, comme substratum à considérer, de substituer à un massif paléozoïque inconnu dans la profondeur, la surface sur laquelle a eu lieu le charriage, c'est-à-dire une surface observable dans beaucoup de points et rationnellement reconstituable dans les autres. L'explication prend ainsi, comme je le montrerai, un caractère plus précis et plus vraisemblable. Il n'en convenait pas moins de signaler ici le sentiment très juste des conditions structurales de la région, qui a servi de point de départ à l'essai de M. Golfier.

La probabilité de cette conclusion s'accroît encore, quand on essaie, comme je le ferai plus tard, de grouper sur une carte les points où le Jurassique supérieur, ou d'une manière générale tel ou tel étage de la nappe, repose directement sur le Trias. C'est de plus, selon moi, la seule manière d'expliquer d'une manière satisfaisante les conditions hydrologiques rencontrées par la galerie à la mer des Charbonnages des Bouches du Rhône.

Examen et conséquences des conditions hydrologiques rencontrées par la galerie des Charbonnages des Bouches-du-Rhône. — Le percement de cette galerie, du côté de la mer, a été gêné par des venues d'eau énormes, que rien n'aurait permis de prévoir ; les sources ont commencé, peu après qu'on est sorti des terrains oli-

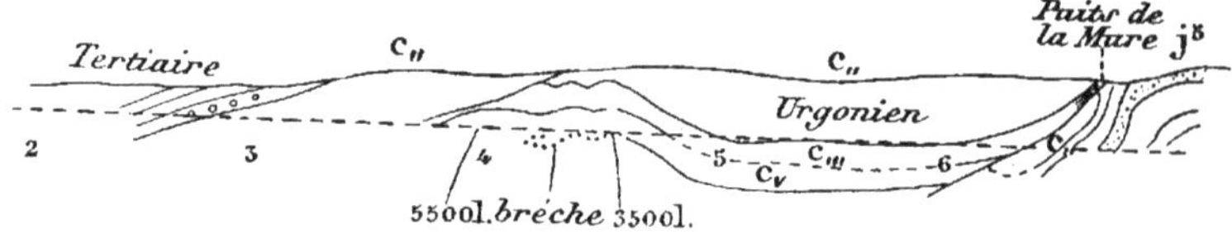

Fig. 38. — Coupe de la galerie à la mer (partie Sud).
c_{II}, Urgonien. — c_{III}, Hauterivien. — c_V, Valanginien. — j^5, dolomies jurassiques. — Les chiffres indiquent le nombre de kilomètres à partir de l'entrée.

gocènes pour entrer dans l'Urgonien (fig. 38) [1]. La venue d'eau au kil. 3,960, a été de 5,500 litres à la minute, de 3,500 litres au kil. 4,56 ; la quantité totale, aujourd'hui captée et utilisée comme force motrice, a varié de 57 à 51 mètres cubes en septembre et octobre 1898, et suffirait à alimenter toute la ville de Marseille. Où est la nappe d'eau qui donne naissance à ces sources ? Où est la couche argileuse qui retient les eaux ?

Tout d'abord, ces sources sont des sources vauclusiennes ascendantes. C'est donc l'échappement vers le haut d'une nappe plus profonde, qui est sous pression et maintenue en général par une couverture imperméable ; si l'une des fentes ou l'un des canaux d'amenée s'élevait assez, il donnerait le niveau piézométrique, ou, si l'on préfère, la pression sous laquelle est maintenue la nappe d'eau. L'expérience s'est trouvée faite par le puits de la Mure, au Nord et surtout au Sud duquel les travaux ont été presque immédiatement arrêtés par des venues importantes ; le niveau de l'eau s'y est élevé après le captage des sources d'aval, et a dépassé 100 mètres. Donc les différentes sources proviennent d'une même nappe, et cette nappe est sous pression plus forte en aval qu'en amont ; le niveau piézométrique monte au lieu de descendre quand on marche vers les parties les plus basses du bassin formé par les couches superficielles. C'est une condition qui me semble tout à fait anormale, et qui ne s'explique que si la nappe est assimilable à un cours d'eau souterrain, avec un lit central, au Nord

[1] L'Urgonien, à droite de la coupe, est marqué descendant un peu trop bas ; la galerie dans toute cette partie, est restée dans les calcaires marneux du Néocomien.

duquel l'eau ne s'étend que par une sorte de débordement, par infiltration avec perte de charge.

Ces conditions étant données, le niveau argileux qui retient la nappe sous pression, ne peut pas être cherché dans les marnes néocomiennes; ces marnes ne sont pas réellement imperméables et ne donnent jamais lieu à des sources importantes ; il en est de même pour toute la série jurassique, et *il faut descendre jusqu'à l'Infralias* pour trouver un niveau de retenue. Si la série sédimentaire était complète, ce niveau de retenue se trouverait à près de mille mètres au-dessous du niveau de la mer ; les fentes et l'eau vauclusienne qu'elles amènent devraient traverser mille mètres de terrains variables, avant d'arriver à la hauteur de la galerie. Parmi ces terrains, le quart environ serait composé de calcaires marneux, où l'eau s'infiltrerait de tous côtés et où une cassure nette est peu admissible. On peut sans hésiter affirmer qu'il y a là une complète impossibilité.

Un autre fait est à noter : on a laissé écouler pendant huit mois l'eau des premières sources rencontrées [1], sans que le débit, qui atteignait 50 mètres cubes, ait diminué d'une manière appréciable (de janvier à août 1894). Or, si l'on regarde quelle est la partie du massif de l'Étoile qui pourrait contribuer à l'alimentation de la nappe (dans le cas où l'on n'admettrait pas que cette nappe est inférieure à l'Infralias), on ne trouve guère que 100 kilomètres carrés, qui, avec une chute d'eau *utile* de 0^m27 par an, donneraient à peine cinquante mètres cubes par minute. Il ne semble donc pas que la nappe d'eau puisse être alimentée par le massif de l'Étoile, ce qui était d'ailleurs déjà la conséquence nécessaire des conclusions précédentes.

Ainsi, nous arrivons à deux conclusions pour lesquelles peut-être, vu la difficulté des questions hydrologiques, on n'oserait sans autre preuve être pleinement affirmatif, mais qui confirment singulièrement les résultats de l'étude géologique : 1° la nappe souterraine qui existe sous l'Étoile n'est pas alimentée par ce massif, et elle est inférieure à l'Infralias qui en forme la base. Par conséquent, à moins de la faire venir de la profondeur, ce que ne permet pas sa température peu élevée; *elle ne peut guère venir que du bassin de Fuveau*, et cela semble inexplicable *si les couches de Fuveau ne passent pas sous le massif*; 2° la nappe souterraine est maintenue sous pression par les couches de l'Infralias et du Trias; les eaux, qui peuvent s'en échapper arrivent au niveau de la mer sous forme de sources vauclusiennes ; il faut donc (et là encore, la température peu élevée de l'eau donne une nouvelle preuve) que l'Infralias et le Trias soient à une faible profondeur au-dessous de ce niveau, c'est-à-dire au-dessous du Néocomien.

Cette seconde conclusion, je le répète, est celle que nous avions pu prévoir d'après la distribution des points où le même phénomène est constaté par les affleurements de la surface. La confirmation tirée de l'allure du régime aquifère me paraît avoir une grande valeur.

[1] Dans la dernière expérience faite, en septembre et octobre 1898, le débit total a pourtant diminué pendant deux mois, de 57 à 51 mètres cubes.

Problème résultant des changements brusques d'épaisseur de la nappe charriée. — L'étude de la galerie à la mer mène maintenant à se poser une autre question : comment se fait le passage des points où la série qui surmonte l'Infralias est à peu près complète, à ceux où toute la base jurassique de cette série serait écrasée et aurait disparu? Cette différence d'épaisseur compense-t-elle un pli plus marqué en profondeur? Ou au contraire produit-elle à la surface l'apparence d'un pli qui n'existe pas en profondeur ? La première hypothèse a l'air plus vraisemblable, et pourtant c'est la seconde qui semble se vérifier. C'est ce que montre

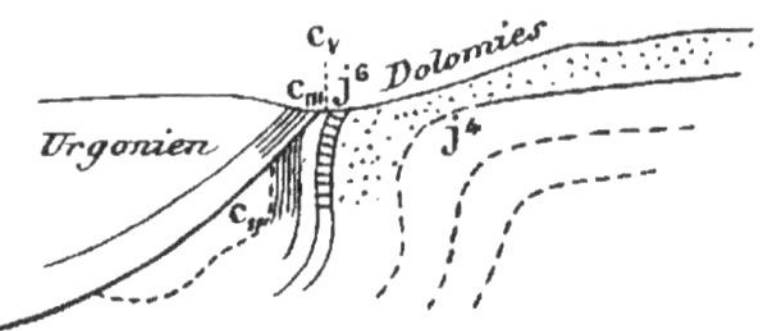

Fig. 39. — Coupe du puits de la Mure.
c_{II}, Urgorien. — c_{III}, Hauterivien. — c_V, Valanginien. — j^6, calcaires blancs.

la coupe du puits de la Mure (fig. 39); la réapparition des termes écrasés correspond à une brusque flexure, où les terrains, encore amincis, se relèvent verticalement, et qui reporte d'un seul saut le Néocomien, du niveau de la mer au-dessus de la cote 750. Si l'Infralias est vraiment au Sud au contact du Néocomien, et si ce mouvement fait tout d'un coup réapparaître au Nord entre ces deux étages toute la série complète, il faut admettre, que non seulement l'Infralias ne suit pas le mouvement de relèvement, mais même peut être qu'il s'abaisse par un mouvement inverse. Dans ce dernier cas, on pourrait songer à l'influence possible d'une dépression dans le substratum, qui aurait déterminé une sorte de *remous* dans la nappe charriée; mais ce ne serait là qu'une image, et non une explication, et on ne voit pas par quel contrecoup la dépression du substratum peut susciter l'obstacle dont l'existence semblerait nécessaire pour motiver ce remous. Il faut, avant d'examiner cette question, étudier d'abord les effets produits par le charriage sur le substratum.

Plis anciens du substratum. Influence du charriage.

Effets du charriage sur le substratum. Couches retroussées. — Ces effets sont très nets et n'ont rien d'hypothétique. En certains points, là probablement où il y a eu obstacle, la nappe charriée a pressé devant elle et *retroussé* les couches qui constituaient cet obstacle. Il en est résulté alors un synclinal couché, mais un synclinal d'une nature spéciale, qui correspond d'une manière nécessaire avec son mode de formation : les couches, retroussées vers le Nord, ne se replient pas ensuite vers le Sud ; en d'autres termes, elles ne forment pas d'anticlinal au-dessus du synclinal, comme cela aurait lieu dans un plissement ordinaire. *Le synclinal est tronqué par la nappe charriée*, et il supporte la base de cette nappe, que cette base soit constituée directement par la série normale, ou par la nappe renversée, ou même par un troisième terme accidentel dont je n'ai pas encore parlé, la lame de charriage.

J'ai indiqué dans un mémoire précédent un exemple de ces phénomènes, pris un peu au Nord de la région ici décrite ; c'est le pli de Bouc, étudié par M. Vasseur, et j'ai fait ressortir l'analogie qu'il présente avec le pli d'Abscon, dans le bassin houiller du Nord. J'en reparlerai tout à l'heure, mais je veux d'abord citer un second exemple, celui du massif d'Allauch, par ce qu'il donne lieu à des observations plus complètes et peut servir de point de départ à une explication d'ensemble.

Pli d'Allauch. — Le pli d'Allauch, comme je l'ai dit plus haut, borde au Sud le massif de ce nom ; d'Allauch à Martelleine, il contient en son centre des calcaires à Hippurites, sur lesquels se renverse toute la série jusqu'au Valanginien. A Allauch même, le terme supérieur consiste en calcaires blancs, que M. Collot a proposé d'attribuer à l'Urgonien, mais M. Depéret y a trouvé un gros Gastropode, qui ne peut être que valanginien ou jurassique ; il n'y a pas de Réquiénies, et les caractères lithologiques ne sont pas non plus favorables à l'hypothèse de M. Collot, qui supposerait d'ailleurs un accident tout localisé, ne se reproduisant dans aucune des coupes voisines.

Au delà de Martelleine et des Bellons, une faille élève la partie Est du massif, en même temps que la charnière sénonienne est reportée plus au Nord ; elle ne reparaît qu'au Garlaban, étant dénudée dans l'intervalle ; mais la charnière hauterivienne reste visible, pénétrant très loin sous le Valanginien sur la rive gauche du ravin de Poudranne, et permet, malgré la faille, un raccordement certain du pli du Garlaban avec le pli d'Allauch. Toute la croupe rocheuse, qui, au Sud du Garlaban, descend vers la Treille et le Jas de Fontainebleau, est formée par le Valanginien renversé.

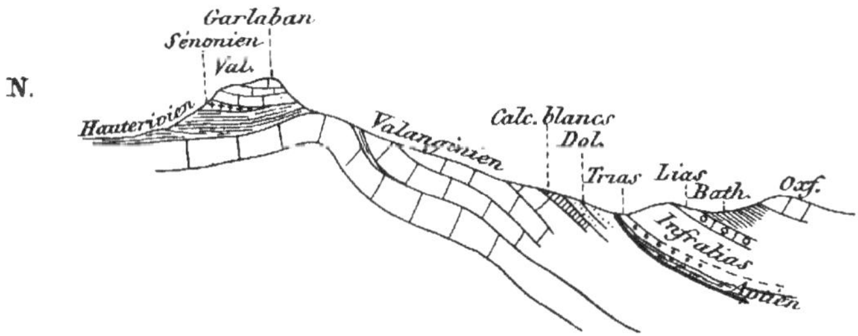

Fig. 40. — Coupe du Garlaban.

Je reproduis ici (fig. 40) la coupe du Garlaban, conforme, sauf une légère modification, à celle que j'ai donnée autrefois. Il est bon de remarquer que cette coupe pourrait induire en erreur sur l'orientation du pli, en effet, elle est prise normalement à la bordure la plus voisine du massif, c'est-à-dire du Sud-

Est au Nord-Ouest. Or, il suffit de regarder à distance la falaise pour voir magnifiquement le pli s'y dessiner avec tous ses détails, et pour se convaincre qu'il est ouvert vers le Nord, comme celui d'Allauch (fig. 41).

Ce pli couché vers le Nord s'arrête brusquement à la ligne dirigée Nord-Sud

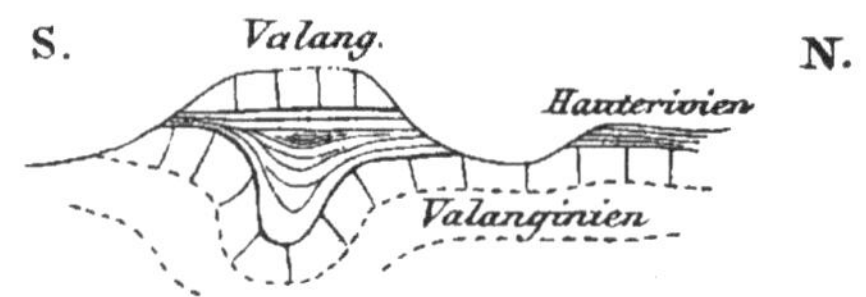

Fig. 41. — Vue du sommet du Garlaban, prise de l'Est.

qui limite le massif. Il y a là une discontinuité des plus frappantes; le grand pli couché est coupé presque normalement par un complexe de couches tout différent, et il semble disparaître à leur contact.

La coupe indique comment ce fait cette disparition : tout plonge sous le Trias voisin, aussi bien la base du Garlaban que la nappe renversée du sommet. *Le pli couché disparaît parce qu'il plonge sous le Trias*, et rien n'autorise à dire qu'il cesse parce qu'il disparaît ; la continuité force même à supposer qu'il se continue *sous le Trias* et sous les terrains qui le recouvrent à l'Est. Et comme sa direction, même un peu déviée, ne peut guère le mener que sous le Trias de Roquevaire, il y a là un premier argument sérieux contre l'hypothèse provisoire qui ferait de cette bande de Roquevaire un véritable noyau anticlinal.

Mais en tout cas, quelle que soit la continuation souterraine du pli couché, qu'elle soit plus ou moins lointaine, cette continuation existe. L'arrêt brusque n'est qu'une apparence, et pour bien comprendre les choses, il faut se figurer deux phénomènes successifs et distincts : le premier est la formation des nappes de charriage, en même temps que celle du pli d'Allauch ; la seconde est la production d'une flexure dans cet ensemble, abaissant en même temps vers l'Est les terrains en place, la nappe supérieure du pli d'Allauch, la grande nappe renversée et la nappe supérieure. Tout cet ensemble a plongé dans la dépression de l'Huveaune, où la nappe supérieure est seule restée visible, sauf quelques pointements possibles de la nappe renversée.

La verticalité des couches près de l'abri sous roche du versant Est, est due à cette flexure ; elle ne s'étend pas du tout jusqu'au sommet, comme l'indique la coupe XXX du mémoire de M. Fournier (coupe d'ailleurs que M. Fournier donne seulement comme un schéma), et il n'y a là rien qui autorise à parler d'une voûte anticlinale succédant au synclinal du Garlaban.

Du côté de l'Ouest, les choses se passent de la même manière, quoique la couverture discordante de terrains oligocènes en masque le détail : le pli d'Allauch s'enfonce et disparaît sous les lambeaux infraliasiques de la bordure occidentale.

Ces explications étaient nécessaires pour bien fixer la nature et le rôle du pli d'Allauch. L'indépendance complète des couches qui le composent et de celles qui le surmontent, est facile à constater en suivant la bordure : à Allauch même, c'est le Trias, avec un peu d'Infralias à la base, qui repose directement sur le pli couché (Valanginien renversé) ; cet Infralias peut indifféremment s'attribuer à l'une ou à l'autre des séries renversées. Le Trias continue jusqu'aux Bellons, tantôt au contact du Néocomien, tantôt à celui de l'Urgonien, et même, au point où cette première bande triasique se termine à l'Est des Bellons, au contact des Hippurites. Plus loin le contact se fait entre deux Valanginiens, entre lesquels s'intercale bientôt l'Aptien de la nappe renversée, reposant d'abord sur le Néocomien, puis sur les dolomies jurassiques. Si pour une coupe donnée, on peut hésiter sur le point où doit se mettre la séparation, pour l'ensemble la distinction est bien nette entre le substratum et les nappes charriées : le premier forme bien un pli synclinal couché, sans indice de retour anticlinal, et la surface de contact avec les nappes charriées, par la rapide variation des terrains mis en contaét, montre partout les traces d'un rabotage énergique.

Le retroussement des couches coïncide avec un rabotage du substratum. — Le massif d'Allauch ne permet pas seulement de donner un exemple très net du retroussement des couches du substratum ; il permet de montrer, au moins avec une grande vraisemblance, pourquoi le retroussement a eu lieu là, et non autre part. J'ai montré (le massif d'Allauch, fig. 11, p. 15), qu'au Nord-Est d'Allauch, le long du triangle des Cadets, c'est-à-dire au Nord des affleurements du synclinal couché, le Sénonien (couches à *Lacazina*) plonge régulièrement sous le Trias. Plus au Nord encore, à l'Est de Pichauris, j'ai montré qu'un Sénonien un peu plus récent (couches à *Cardium*) plonge, également sans faille, sous l'Aptien de la nappe renversée. On doit en conclure qu'au-dessus du massif d'Allauch, au nord du pli de bordure, la masse charriée reposait directement sur le système à Hippurites (Santonien), au lieu de reposer, comme plus au Nord, sur le système fluvio-lacustre. Il n'est plus possible maintenant de prétendre, comme on l'admettait souvent, que le massif de l'Étoile a arrêté du côté du Sud l'extension de ce système, qui d'ailleurs existe encore dans le bassin du Beausset ; s'il manque là, c'est très probablement qu'il a été enlevé, et ce qui précède amène immédiatement l'idée qu'il a pu être enlevé par rabotage. S'il a été raboté là plutôt qu'ailleurs, c'est qu'il faisait saillie, et ainsi de proche en proche, nous arrivons à la conclusion que le massif d'Allauch, ce bombement aujourd'hui très accentué du substratum, faisait déjà saillie à l'époque où a eu lieu le charriage, et que cette saillie, qui vraisemblablement s'étendait plus loin à l'Ouest, a déterminé la dénudation des couches les plus récentes et le retroussement des autres.

Le massif d'Allauch et le Sud de l'Étoile correspondent à une ancienne saillie du substratum. Lame de charriage. — Comme je l'ai déjà dit, le pli auquel ce retroussement a donné naissance, ne peut pas s'arrêter brusquement à l'Ouest d'Allauch ; par conséquent les mêmes effets doivent se poursuivre sous la partie Sud du massif de l'Étoile ; là aussi, par conséquent, les terrains supérieurs ont dû être enlevés par rabotage. Si cette explication est fondée, on doit retrouver au Nord quelque vestige des terrains ainsi enlevés, et on les retrouve en effet. Ils sont allés constituer près de Gardanne *la lame de charriage*, que j'ai décrite autre part [1] et où le lignite est activement exploité (coupes 1 et 2, pl. III). J'ai démontré directement que ce lambeau superposé aux terrains lacustres en place, séparé d'eux par la faille oblique de la Diote, venait de plusieurs kilomètres au Sud, de dessous le massif de l'Étoile. Je montre maintenant, avec un point de départ tout différent, et par des arguments tout à fait indépendants, qu'un paquet de ces terrains a dû être enlevé sous le massif de l'Étoile et poussé vers le Nord. Il y a là, on l'avouera, une concordance de résultats, qui est de nature à faire impression, même sur ceux que n'aurait pas convaincus le faisceau des preuves antérieurement développées.

Le lame de charriage comprend, au-dessus du Fuvélien exploité, tous les termes de la série fluvio-lacustre, avec une puissance même supérieure à celle du reste du bassin. C'est donc une masse d'au moins 800 mètres de hauteur qui a été ainsi arrachée de sa position première et poussée en avant vers Gardanne. Cette masse considérable, ajoutée par en bas à la grande nappe charriée, a labouré le sol et a dressé devant elle le bourrelet de Bouc, dont la disposition est la même que celle du pli d'Allauch. Il est à remarquer que le substratum de la lame de charriage, partout où on peut le voir, est formé par le Bégudien, et que le bourrelet de Bouc s'est produit dans les couches éocènes, *qui manquent sous la lame.*

Retroussements échelonnés en avant et en arrière de la lame de charriage. — Il reste maintenant à rechercher si ces mêmes phénomènes ne peuvent pas suffire à expliquer les particularités diverses de la coupe d'ensemble (fig. 42) : l'écrasement supposé de la base de la nappe au Sud de l'Étoile, la flexure de la Mure coïncidant

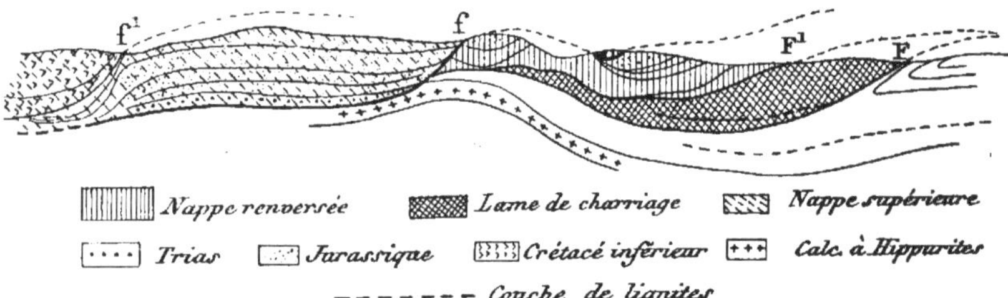

Fig. 42. — Coupe du massif de l'Etoile et de sa bordure.
F, faille de la Diote. — F¹, faille du Safre. — f, faille du Pilon du Roi. — f¹, faille de la Mure.

avec la réapparition, totale ou partielle, de cette base étirée, et enfin le retroussement de la nappe renversée auprès de la faille qui la ramène au jour, près de Notre-Dame-des-Anges et du Pilon-du-Roi.

D'abord l'écrasement de la base de la nappe au Sud de l'Étoile serait en rap-

[1] *Annales des mines, loc. cit.*, pp. 13 à 16.

port naturel avec l'arrachement de la lame de charriage; car les frottements ont dû s'exagérer dans cette partie, tant à cause de l'arrachement même que du glissement postérieur sur une surface moins lubréfiée. Il faut d'ailleurs que l'écrasement ne se soit produit que tardivement à cette place, car la série entière a dû passer au-dessus, pour former le Nord actuel du massif de l'Étoile, et peut-être aussi les autres parties de la nappe qui ont existé plus au Nord.

La lame de charriage, après son arrachement, a du naturellement aller remplir une dépression de la surface, celle qui devait faire suite au bombement dont la présence a déterminé l'arrachement; elle a même dû, si la dépression était insuffisante, en labourer la surface en poussant devant elle le bourrelet de Bouc (fig. 42, point F); il n'en est pas moins probable que surmontée comme elle l'était de toute la série charriée, sa mise en place a du créer au-dessus d'elle une saillie, que les nouvelles couches amenées par la continuation du même mouvement ont eu à surmonter. De là un nouvel obstacle, qui a déterminé une rupture suivant une des surfaces de moindre cohésion, et a amené la nappe normale à glisser sur la nappe renversée (en f, fig. 42). Là il n'y a plus eu rabotage, mais il y a encore eu retroussement. La surface de glissement est ce que j'ai appelé la faille du Pilon-du-Roi (qui sépare la nappe normale de la nappe renversée); le retroussement a produit les plis de la nappe renversée, et en particulier celui de Notre-Dame-des-Anges. Par le même mécanisme, la nappe supérieure en s'élevant le long de l'obstacle, a fait naître en arrière une nouvelle saillie; une rupture s'est encore produite suivant une surface de moindre cohésion, au voisinage des marnes néocomiennes, et le Crétacé a glissé sur le Jurassique, le long de la faille de la Mure (f^1, fig. 42). Mais cette fois, la masse en mouvement étant moins considérable, il n'y a plus eu ni arrachement, ni retroussement, et même la cassure n'est pas nette; on en a comme la monnaie dans une série de plans de glissement parallèles aux bancs, c'est-à-dire dans une zone d'étirement.

Naturellement, à mesure qu'on s'éloigne du point de départ, la part d'hypothèse devient plus grande, et on ne peut plus donner l'explication comme certaine. Mais jusqu'au bout elle reste rationnelle et simple. Et c'est à mes yeux un résultat bien remarquable qu'on puisse ainsi, d'une seule hypothèse qui n'a rien d'arbitraire, qui s'impose même par deux voies différentes, faire sortir une coordination méthodique et une explication satisfaisante de tous les détails de cette structure extraordinairement complexe.

Rôle des actions postérieures au charriage. — Il y a certainement eu en outre des actions postérieures; les plissements de la nappe renversée notamment, sont trop pressés et trop aigus pour qu'on puisse en douter. J'attendrai d'avoir des cas plus nombreux à comparer pour essayer de préciser le rôle de ces actions postérieures; je dirai pourtant en terminant que l'examen des coupes, celle du ravin du Siège en particulier, donne singulièrement l'impression d'une masse affaissée sur place, comme on le voit dans le bassin de Paris pour les entonnoirs de marnes vertes dans le gypse. Je ne serais pas étonné qu'il n'y eût là, au moins autant que dans des compressions latérales (qui peuvent d'ailleurs coexister) une cause importante à invoquer pour la production de ces plissements. Autant que je puis dès maintenant en juger, à côté de ces zones ou bassins d'affaissement, la production de dômes, qui en est la contrepartie naturelle, jouerait le rôle principal dans ces mouvements postérieurs au charriage.

V. — RÉSUMÉ ET CONCLUSIONS.

J'avais l'intention en commençant ce mémoire, d'y joindre la description de la chaîne de la Ste-Beaume, dont la nouvelle étude est à peu près terminée. Mais j'aime mieux attendre d'avoir éclairci pour cette chaîne les problèmes de raccordement avec les massifs voisins, autres que l'Étoile et l'Olympe. Je peux déjà annoncer avec certitude, que les mêmes nappes se continuent dans la Ste-Beaume et dans l'Olympe, et que toute la grande bande triasique en fait partie, de Marseille à St-Zacharie, et de St-Maximin à Barjols. Ce n'est donc déjà plus vingt, mais quarante kilomètres, qu'il faut leur attribuer. On verra que les preuves directes abondent pour la plupart des cas, et que la continuité impose le reste. Ce sera l'objet d'un prochain travail. Pour le moment, je me contenterai en terminant de résumer les conclusions relatives à cette première partie.

Peut-être pourtant n'est-il pas inutile, avant de le faire, de rappeler brièvement les arguments que j'ai développés autre part, et qui, indépendants de ceux que j'ai donnés ici, permettent en quelque sorte de deviner *a priori* la solution. Ces arguments sont seulement tirés de l'allure générale des couches du grand bassin de Fuveau et des constatations faites dans les travaux de mines. Toutes les lignes d'affleurement, et pour être plus précis, les courbes de niveau de la grande couche, telles que les travaux de mines et les observations de surface permettent de les établir, s'arrondissent en grandes demi-ellipses concentriques autour du petit massif jurassique de la Pomme (v. la carte, pl. II). Les failles et les fractures (moulières) qui permettent après les grands orages la pénétration rapide des eaux, sont disposées radialement et vont converger vers un même point de ce massif. Ce petit massif de la Pomme se présente donc comme le véritable centre du bassin, mais comme le centre d'un bassin dont une moitié seule aurait subsisté. C'est en petit la reproduction de la figure que M. Suess [1] a rendue célèbre, montrant le bassin houiller de Silésie coupé au pied des Carpathes. Où est l'autre moitié? M. Suess a répondu, pour le bassin de Silésie : elle est sous les Carpathes. Une idée semblable doit venir pour le bassin de Fuveau, d'autant plus que l'enfoncement sous les massifs de bordure (autres que celui de la Pomme) est depuis longtemps prouvé. Les lignes de niveau viennent buter tout droit, sans déviation, contre ces massifs ; comment admettre alors que l'enfoncement sous ces massifs soit produit par un pli couché de la bordure? Comment admettre qu'un simple bombement, comme celui de la Pomme, ait

[1] La face de la Terre (*Das Antlitz der Erde*, trad. française), t. I, p. 242.

réglé l'allure des couches jusqu'à une distance de plus de vingt kilomètres, et que les plis voisins, beaucoup plus énergiques, ne l'aient même pas influencée au contact?

Mais il y a en Provence un argument,qui n'existe pas en Silésie,ou du moins pas avec la même netteté. En Silésie, on a trouvé un énorme bloc de terrain houiller, avec houille exploitable, noyé dans le flysch ; l'origine et la signification en restent un peu obscures, quoiqu'il me semble maintenant difficile de l'expliquer autrement que par un charriage,et de le faire venir d'autre part que du Sud. En Provence aussi existe un bloc avec lignite exploité, mais à dimensions beaucoup plus grandes ; son allure est régulière et une faille très oblique le superpose aux terrains plus récents du système fluvio-lacustre. C'est le lambeau de Gardanne. Les mêmes couches en place existent au-dessous; le lambeau vient donc d'autre part, et il vient certainement du Sud ; si on essaie de la remettre en place, à la suite des couches qui ont gardé leur position première, on trouve que cela mène très loin sous le massif de l'Etoile. On peut préciser davantage : les affleurements dans ce lambeau, de même que ceux du bassin principal, s'ordonnent en courbes concentriques ; si l'on continuait les demi-ellipses des affleurements en place, ces ellipses offriraient des portions semblables ou parallèles au courbes du lambeau, *à 5 ou 6 kilomètres plus au Sud.* Il semble bien permis d'en conclure que c'est sous l'Etoile, à cette distance de 5 ou 6 kilomètres, que le lambeau de Gardanne à été arraché. C'est bien à peu près la place que j'ai trouvée par d'autres considérations.

On peut dire que ce n'est là qu'une induction ; ce n'en est qu'une en effet, en ce qui concerne la distance parcourue ; mais pour la provenance du Sud, elle est difficilement réfutable, et les évaluations minima mènent certainement sous le massif jurassique.

J'arrive maintenant au résumé des preuves développées dans ce mémoire.

Les terrains sous lesquels s'enfonce le lambeau de Gardanne sont renversés; ils formaient une nappe renversée avant d'avoir été plissés; les plis qui les affectent sont *retournés*, c'est-à-dire qu'ils montrent les couches les plus anciennes au centre des charnières synclinales, et les couches les plus récentes au centre des charnières anticlinales. Cette nappe renversée se continue très loin à l'Ouest; je l'ai seulement suivie et décrite en détail du côté de l'Est, entre le chemin de fer d'Aix et le village de Cadolive. A ce dernier point elle disparaît ; mais grâce aux failles de tassement et aux lambeaux jurassiques superposés aux collines crétacées, on peut démontrer qu'avec une largeur encore notable, *elle s'enfonce sous la pointe du massif de l'Etoile.*

Elle reparaît avec les mêmes caractères à 1500 mètres au Sud-Ouest, sortant là de sous les terrains jurassiques, et entoure, dans la région de Pichauris le côté Est de la colline de Collet Redon (point 625). Cette colline est aussi bordée à l'Ouest par des terrains renversés, dont, il est vrai, l'origine pourrait être différente; mais M. Bresson a montré la liaison par le Sud des deux bandes renversées. C'est donc bien partout la même nappe qui entoure Collet-Redon, et qui par suite passe au-dessous de la colline.

Sans parler des affleurements encore discutables, qui s'étendent entre Lascours et les Gavots, la nappe reparaît encore, toujours avec les mêmes caractères, autour de l'extrémité Sud-Est du massif d'Allauch, et au-dessus de la Treille on constate encore des charnières de *plis retournés*.

Enfin, dans le massif triasique de St-Julien, la nappe pointe encore sous le Trias, et c'est elle probablement qu'on retrouve à Château-Gombert, et plus loin sur la côte près de Figuerolle.

Ainsi on trouve une nappe renversée presque continue autour des massifs de l'Etoile et d'Allauch, s'enfonçant sous le premier et s'élevant partout au-dessus du second. Les courtes intermittences des affleurements pourraient s'expliquer facilement par l'irrégularité naturelle et ordinaire de ces nappes, mais presque partout on peut prouver que là où ses affleurements disparaissent, la nappe continue en profondeur. On peut donc parler d'une nappe continue autour des deux massifs et remarquer en outre qu'elle pénètre très loin dans la rainure qui les sépare. Cette nappe est remarquable par le développement spécial de l'Aptien (faciès de Fondouille) qui fait au contraire défaut dans le massif d'Allauch, et qui, à moins d'aller bien loin au Sud-Est, ne présente ce faciès que dans la nappe renversée.

La série y monte jusqu'au Trias et est alors souvent recouverte par le Trias normal, base d'une nouvelle nappe qu'on trouve conservée dans les cuvettes plus profondes; c'est le cas à St-Germain, à Pichauris (Collet Redon), et dans le massif de St-Julien près de Marseille. La bande étroite de Trias ou d'Infralias qui entoure le massif d'Allauch est également superposée à la nappe renversée (pointement cénomanien à l'Ouest de l'Antique, coupe du Four au Nord de la Treille).

Cette nappe renversée ne suit le bord d'aucun pli important qui aurait pu lui donner naissance. Le bord septentrional du massif de l'Etoile n'est pas un pli couché; en général il ne montre que des couches normales, régulièrement inclinées vers le Sud, et en quelques points seulement, par suite de tassements, retombant doucement et sans renversement vers la ligne qui les sépare de la nappe renversée. La même conclusion s'applique au petit massif de Peipin ; le Trias de Pichauris, le Trias du pourtour du massif d'Allauch, le Trias de St-Julien, ne sont pas des racines de plis, puisqu'ils sont tous superposés au Crétacé Pour chercher l'origine de la nappe il faut donc aller plus loin au Sud.

Les données précédentes n'empêcheraient pourtant pas que la racine d'un grand pli couché ne pût se cacher sous la Tertiaire du Sud de la plaine de Marseille, et se continuer par la bande triassique de l'Huveaune, entre Aubagne et St-Zacharie. Il n'en est rien en réalité, mais l'étude de la chaîne de la Ste-Beaume est nécessaire pour montrer que cette dernière bande triasique est superposée au Crétacé. Il faut réserver la question, ou bien admettre comme première approximation que la racine de la nappe est là ou plus au Sud.

En tout cas, cette nappe venant du Sud des collines de l'Etoile, entourant ces collines et plongeant partout sous elles, passe nécessairement au-dessous de tout le massif, comme elle passe, entre St-Savournin et Pichauris, au-dessous de sa pointe Nord-Est. Le massif de l'Etoile, et par conséquent le massif de la Nerthe, qui fait corps avec lui, sont donc superposés au Crétacé. Pour la Nerthe, il y a des preuves directes de cette superposition : à la Folie et à Valapoux, deux affleurements isolés de Turonien et d'Aptien forment voûte au dessous de l'Urgonien, qui à leurs extrémités se rejoint en une nappe continue. Les affleurements aptiens du Rove, sans donner jusqu'ici de conclusion aussi nette, appartiennent certainement aussi à la nappe renversée. et, dans le petit ilot de calcaires à Hippurites, signalé par M. Carez au Sud des Martigues au milieu de l'Urgonien, on peut voir avec probabilité un autre pointement de la même nappe.

On trouve donc, comme cela doit être, au-dessus de la nappe renversée, une seconde nappe, formée par des terrains en série normale, et dont le charriage a entraîné et étalé la première au dessous d'elle en lambeaux irréguliers. La première approximation provisoirement admise donne déjà à cette nappe de recouvrement une largeur de 20 kilomètres ; l'étude des massifs voisins montrera qu'elle dépasse quarante kilomètres.

La nappe supérieure ne présente pas les étirements capricieux et intermittents de la nappe renversée ; en dehors du voisinage de quelques zones marneuses, les étirements se concentrent à la base ; la base s'écrase dans toutes les proportions, et la série, sans être pour cela réduite dans ses termes supérieurs, débute au-dessus des témoins de la partie écrasée par un étage quelconque du Jurassique ou même du Crétacé inférieur. Il y a pourtant une exception pour le Trias qui, joint le plus souvent aux couches à *Avicula contorta*, se comporte d'une manière indépendante, faisant comme une bande à part, qui tantôt s'amincit avec les bancs sus-jacents, tantôt, au contraire, ne disparaît pas avec eux, et supporte alors directement, sans discordance apparente, un terme quelconque de la série supérieure.

En marquant sur la carte les points où le Trias supporte directement ou les dolomies jurassiques ou le Néocomien, on les voit former une bande qui se dirige vers le Sud du massif de l'Etoile ; il est donc très probable que le Néocomien du Sud de ce massif repose presque directement sur le Trias. J'ai montré comment cette hypothèse expliquerait d'une manière satisfaisante les conditions hydrologiques tout à fait imprévues rencontrées jusqu'ici par la galerie à la mer des Charbonnages des Bouches-du-Rhône.

L'étude du substratum peut se faire dans le massif d'Allauch. Elle montre ce massif terminé au Sud par un pli synclinal couché, dont les couches poussées vers le Nord, ne se reploient nulle part pour retomber vers le Sud. Ce pli, sans perdre son amplitude, s'abaisse à l'Est pour passer sous les bandes périphériques qui entourent le massif, et de même à l'Ouest, il doit se continuer sous le massif de l'Etoile ou sous les dépôts oligocènes. Ce pli est surmonté en discordance, et comme raviné par les nappes précédemment décrites. Il s'explique tout naturellement par un retroussement du substratum, le long d'une ligne où le substratum présentait une résistance insolite au mouvement de charriage.

Au Nord du pli couché d'Allauch, près des Cadets et près des Mies, la nappe charriée repose directement sur les calcaires à Hippurites, dans une partie où il n'y a aucune raison de supposer que le système lacustre supérieur ne se soit pas déposé, et où il ne peut guère manquer que parce qu'il a été enlevé. Ce serait la conséquence du même obstacle qui a déterminé le retroussement d'Allauch ; il y aurait eu rabotage en même temps que retroussement, et le premier effet s'est sans doute poursuivi plus loin à l'Ouest, en même temps que le second. Il y a donc eu des couches à lignites vraisemblablement arrachées et poussées en avant, au Sud et au centre du massif de l'Etoile, c'est-à-dire précisément à la place où l'étude directe du lambeau de Gardanne m'avait amené à placer son origine. Ce sont deux voies différentes et tout à fait indépendantes qui conduisent au même résultat.

Avec ce point de départ, on peut coordonner et expliquer d'une manière satisfaisante toutes les singularités de la coupe relevée le long de la bordure du bassin de Fuveau. Le lambeau de Gardanne, ou lame de charriage, a labouré la dépression où il s'est arrêté : il a retroussé les couches sous-jacentes, et poussé devant lui le bourrelet formé par le pli synclinal de Bouc. Il en est résulté dans la nappe une première saillie, que, dans son mouvement ultérieur, elle n'a pu franchir qu'en se brisant : la nappe normale a glissé sur la nappe renversée en retroussant les couches comme à Allauch (pli de N.-Dame des Anges). La saillie s'est ainsi propagée vers le Sud, et a déterminé près de la Mure une nouvelle rupture, ou plutôt une zone d'étirements, grâce à laquelle le Néocomien a pu glisser sur le Jurassique. Les principaux accidents de la région dépendent donc directement du charriage, et le plissement postérieur n'apparaît que comme un phénomène relativement très localisé, peut être dû à des affaissements et des enfouissements sur place comme ceux des marnes vertes dans le gypse parisien.

Je ferai remarquer maintenant que, si l'on construit la coupe schématique correspondant à cette dernière explication, si on la complète en rétablissant les parties dénudées, et en prolongeant vers le Nord la nappe de charriage, qu'il n'y a aucune raison de croire s'être arrêtée précisément au point où la dénudation l'a fait disparaître, on y voit nécessairement (fig. n° 1 et n° 3, pl. III) le lambeau de Gardanne isolé comme une boule, comme un bloc étranger au milieu des autres terrains. Il y a donc, en réalité, une ressemblance avec le bloc houiller trouvé dans le flysch au Nord des Carpathes. Il suffit de supposer que ce bloc soit à la limite d'un flysch normal et d'un flysch renversé, pour que la ressemblance aille jusqu'à l'identité. Une nappe de charriage, en passant sur l'emplacement des Carpathes, aurait raboté son substratum jusqu'au Paléozoïque et en aurait entraîné un lambeau, qui n'est probablement pas le seul, mais qui malheureusement, au point de vue industriel, n'a pas eu l'importance ni la superficie de celui de Gardanne. Il me semble qu'il y a dans ce rapprochement un fait important, autant qu'imprévu, qui fait immédiatement penser à l'origine possible des Klippen des Carpathes.

Je rappellerai aussi que j'ai, dans un autre mémoire, montré l'analogie profonde de structure, qui existe entre le bassin houiller du Nord et le bassin à lignites de Fuveau; j'ai montré qu'on retrouvait dans le Nord le bourrelet de Bouc (pli d'Abscon et de Douai), la lame de charriage (lambeau de Denain) retroussée sur ses bords, la nappe renversée (lambeau de poussée), également retroussée contre la faille du Midi, comme elle l'est à Notre-Dame-des-Anges contre la faille du Pilon du Roi. Or je viens d'indiquer comment en Provence tous ces accidents dérivaient directement du phénomène même de charriage ; il doit donc en être de même dans le bassin du Nord, et ainsi nous voyons poindre cette conclusion, que fera mieux ressortir encore l'étude des autres massifs de la Provence : *beaucoup de plis couchés, parmi les plus énergiques de ceux qu'on attribue à la compression latérale, n'ont d'autre origine que les immenses traînages effectués périodiquement à la surface de notre planète.*

Laval. — Imprimerie parisienne L. BARNÉOUD et Cie.
467

u de
nne
Bassin de
Simiane

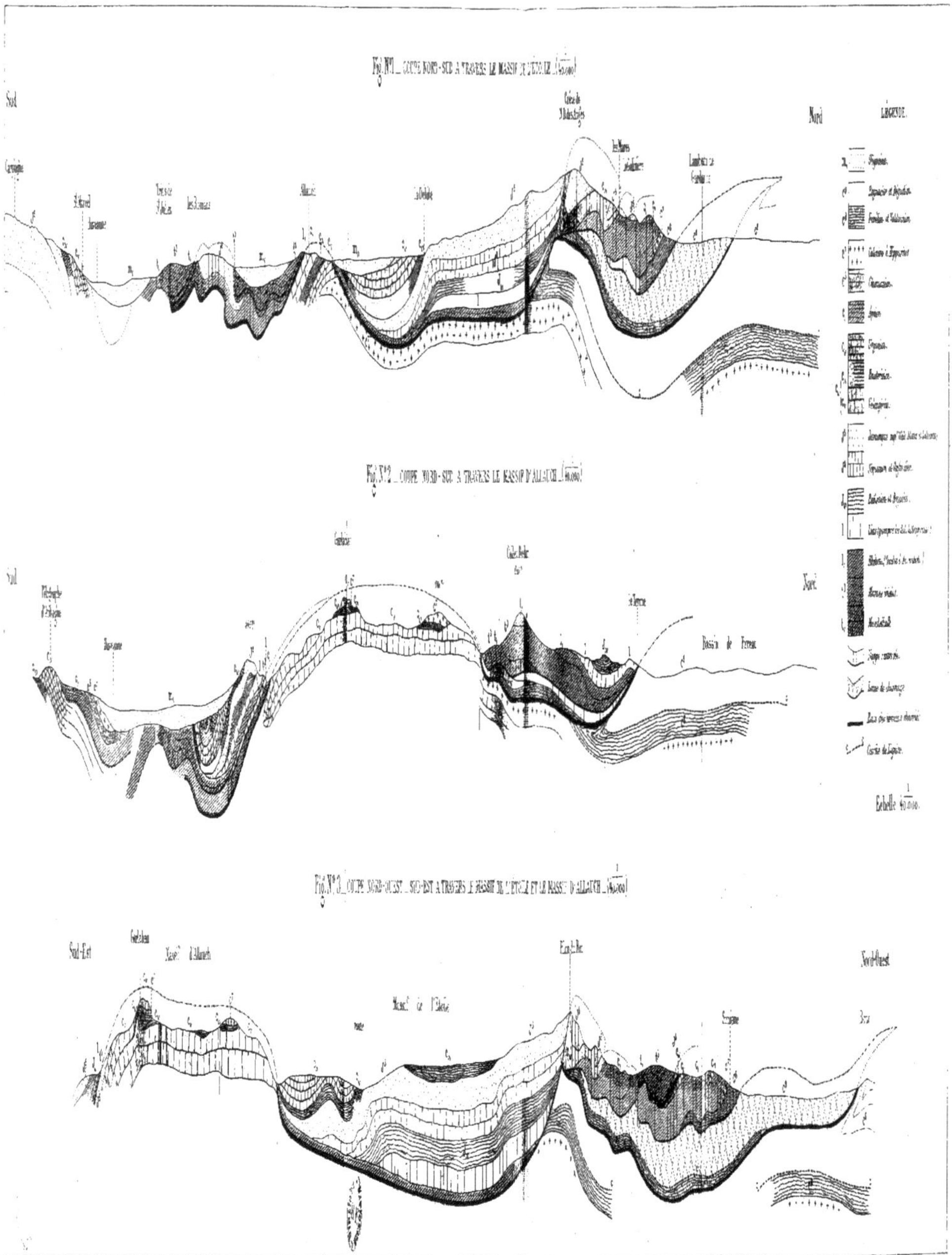

Fig. N°1 _ COUPE NORD-SUD A TRAVERS LE MASSIF DE L'ÉTOILE ($\frac{1}{40.000}$)

Sud

Nord

LÉGENDE.

Fig. N°2 _ COUPE NORD-SUD A TRAVERS LE MASSIF D'ALLAUCH ($\frac{1}{40.000}$)

Sud

Nord

Echelle $\frac{1}{40.000}$.

Fig. N°3 _ COUPE NORD-OUEST _ SUD-EST A TRAVERS LE MASSIF DE L'ETOILE ET LE MASSIF D'ALLAUCH ($\frac{1}{40.000}$)

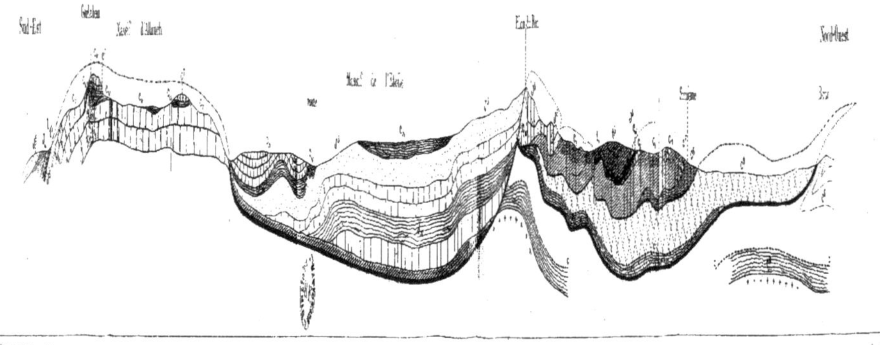

Annale[rvices de la Carte Géo. et des Top. Sout. N° 68. (1899). Pl. I.

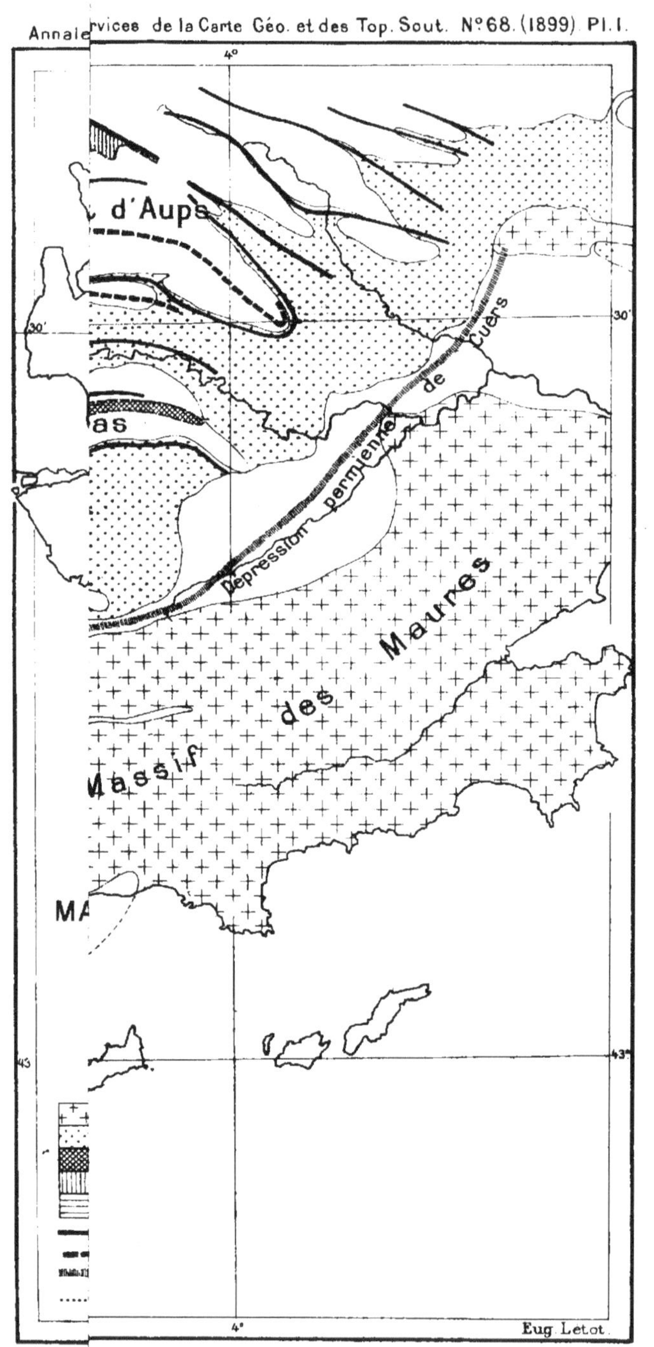

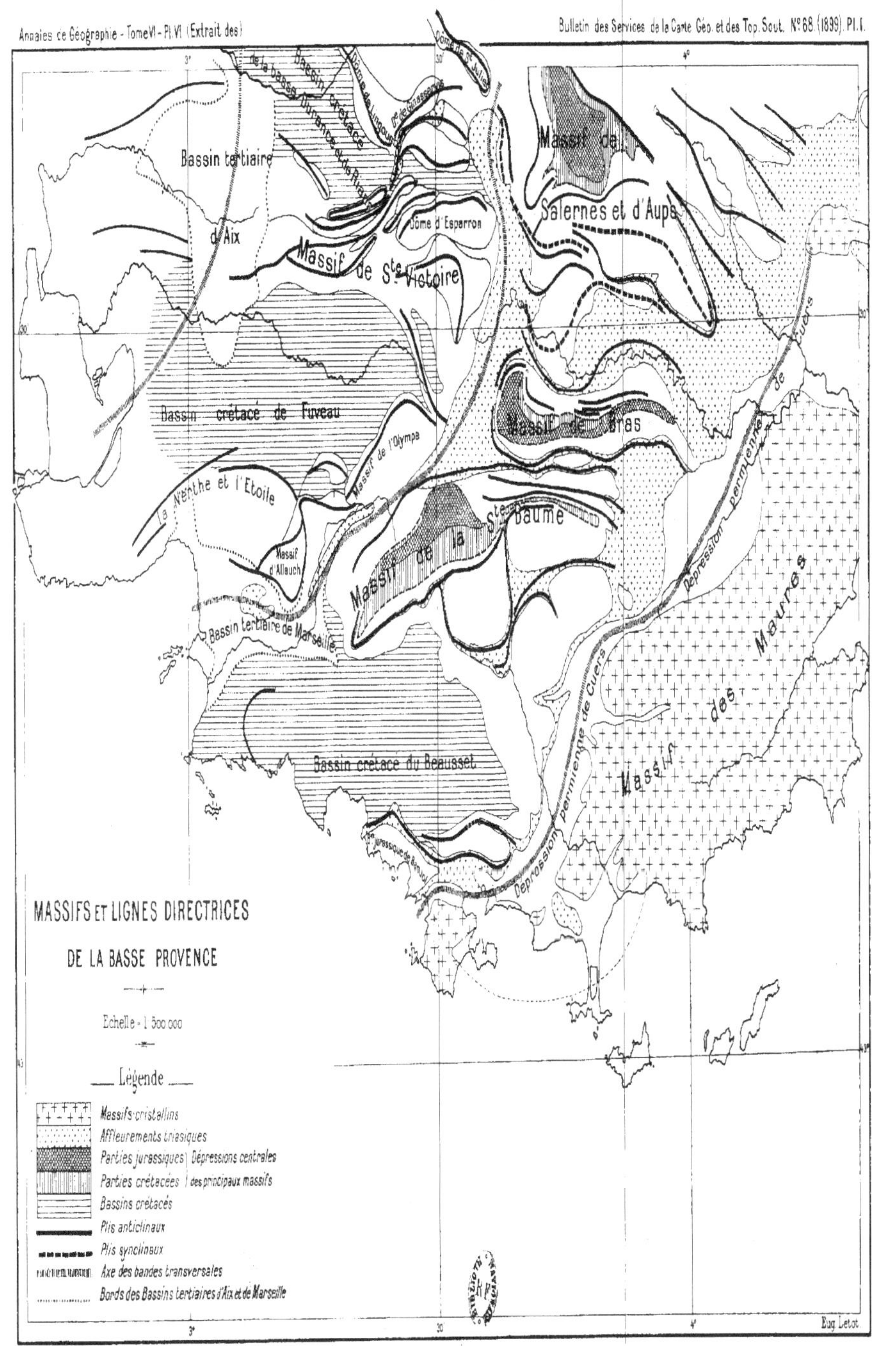
Annales de Géographie - Tome VI - Pl. VI (Extrait des)
Bulletin des Services de la Carte Géo. et des Top. Sout. N° 68 (1899). Pl. I.
Bassin tertiaire d'Aix
Bassin crétacé de la basse Durance
Dôme d'Esparron
Massif de Ste Victoire
Massif de Salernes et d'Aups
Bassin crétacé de Fuveau
Massif de l'Olympe
Massif de Bras
La Nerthe et l'Etoile
Massif d'Allauch
Massif de la Ste Baume
Bassin tertiaire de Marseille
Bassin crétacé du Beausset
Dépression permienne de Cuers
Massif des Maures
MASSIFS ET LIGNES DIRECTRICES
DE LA BASSE PROVENCE
Echelle = 1:500.000
Légende
Massifs cristallins
Affleurements triasiques
Parties jurassiques | Dépressions centrales
Parties crétacées | des principaux massifs
Bassins crétacés
Plis anticlinaux
Plis synclinaux
Axe des bandes transversales
Bords des Bassins tertiaires d'Aix et de Marseille
Eug. Letot
Armand COLIN et Cie, éditeurs

899 _ Pl. II.

48G
20'

rd Frès

LÉGENDE

Oligocène.

Rognacien et Bégudien.

Fuvélien et Valdonnien.

Crétacé supérieur marin.

Aptien.

Crétacé inférieur (Urgonien et Néocomien)

Jurassique supérieur.

Jurassique inférieur (Bathonien et Bajocien)

Lias (y compris les dolomies hettangiennes)

Rhétien et Trias.

Faille du Pilon du Roi.

Faille du Safre.

Faille de la Diote.

Courbes de niveau de la gde couche.

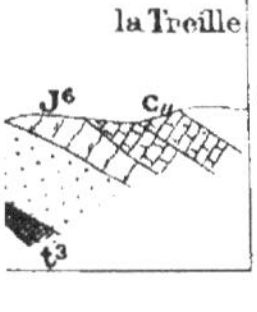

la Treille

J6

Cv

t3

LÉGENDE

t3 Trias

l1 Infralias

J6 Calcaires blancs

J5 Dolomies

Cv Valanginien

CIII Hauterivien

CII Urgonien

CI Aptien

Trias et Infralias superposés au Valanginien en arrière du plan de la coupe.

CARTE GÉOLOGIQUE DES ENVIRONS DE MARSEILLE

(MASSIFS DE L'ÉTOILE ET D'ALLAUCH)

Bulletin des Services de la Carte géo. et des Top. sout. — *Bul. N° 68. – Tome X. 1899. – Pl. II.*

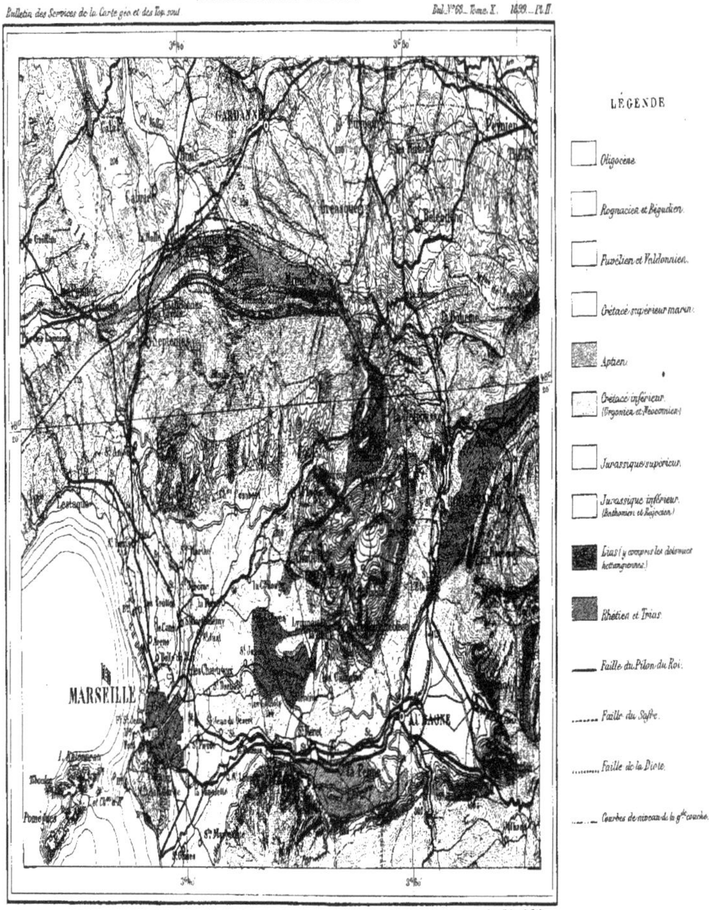

LÉGENDE

- Oligocène
- Rognacien et Bégudien
- Fuvélien et Valdonnien
- Crétacé supérieur marin
- Aptien
- Crétacé inférieur (Urgonien et Néocomien)
- Jurassique supérieur
- Jurassique inférieur (Bathonien et Bajocien)
- Lias (y compris les dolomies hettangiennes)
- Rhétien et Trias
- Faille du Pilon du Roi
- Faille du Safre
- Faille de la Diote
- Courbes de niveau de la 9e couche

Echelle au 200.000.

Imp. Erhard F^res.

COUPE DU RAVIN DU FOUR AU NORD DE LA TREILLE (1/10.000)

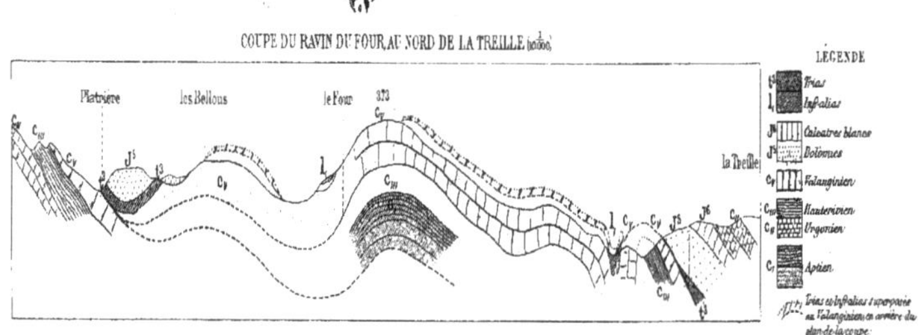

www.ingramcontent.com/pod-product-compliance
Ingram Content Group UK Ltd.
Pitfield, Milton Keynes, MK11 3LW, UK
UKHW020943180726
13838UKWH00003B/1092

9 782329 326924